水晶

オパール

露石から変わった方解石

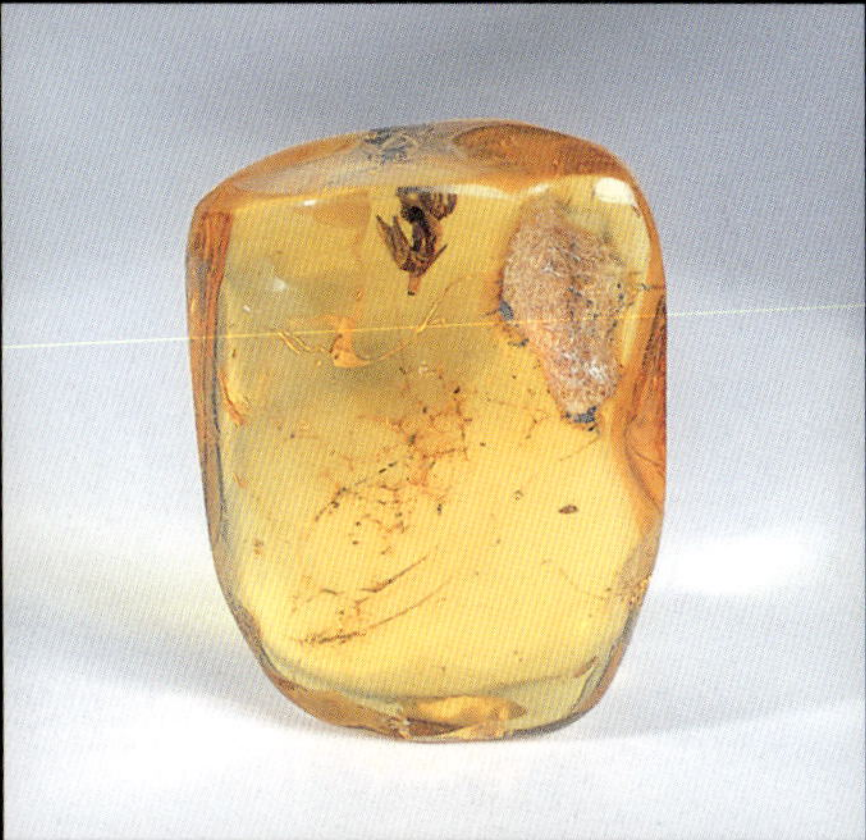

こはく

クリソコラ

ちくま学芸文庫

鉱物 人と文化をめぐる物語

堀 秀道

筑摩書房

目次

パート1 石と芸術家の物語

パート2 石と歴史の物語

パート3 石をめぐる人々の物語

鉱物　人と文化をめぐる物語

この作品は二〇〇六年一二月、どうぶつ社より刊行された『宮沢賢治はなぜ石が好きになったのか』に訂正を施し、改題したものである。

パート1　石と芸術家の物語

宮沢賢治はなぜ石が好きになったのか

1.

私が宮沢賢治の作品にはじめて接したのは小学校時代に見た「風の又三郎」の映画だった。風で森がザザーと鳴る特殊効果音が子供心にイメージを残したが、くわしい内容は覚えておらず、とくに石や鉱物は登場していなかったと思う。

その後、本を読むようになってから、賢治が石好きで、「石っこ賢さん」とも呼ばれ、作品の中にもたくさんの鉱物や岩石を登場させていることを知った。その中のオパールを探す話や『銀河鉄道の夜』の中に出てくる「この砂はみんな水晶だ」という表現など、私の書いた『楽しい鉱物学』（草思社、一九九〇）に引用させてもらった。

賢治の日記や書かんを見ると、彼は鉱物や宝石で生計を立てようと考え、父親に頼みこんでいたこともわかった。岩手の農林学校で地質学を学び、さらに鉱物や宝石を独自に勉強したらしく、営業上の石の知識にはこと欠かなかったし、東京神田の鉱物・宝石商「金石《きんせき》舎《しゃ》」(すでに廃業した)に出入して、実地の見学もおこたらなかったらしい。

しかし、結局、賢治の「鉱物・宝石店」は誕生しなかった。実利家である父親に見抜かれていたように、成功はむずかしかっただろう。なにしろ、芸術家賢治は鉱物・宝石の知識はあっても、もうひとつの必要要素の商才は持ち合わせていなかったと思われるから。その後、賢治は石灰岩《せっかいがん》の採石所に関係したり、農業用の土壌改良にも取り組むのであるが、こちらも十分な成果を挙げえず、宗教の方へ走り、若くして亡くなってしまったのである。

しかし彼の文芸作品に用いられた鉱物の数は、多種多様であり、たんなる文飾ではなく、石を知って使うから、すぐれた効果をおさめている。世界を見回しても、鉱物をこれほど多用した有名作家は、おそらく、賢治のほかにはいなかったのではないか。

数年前、ある県立自然史博物館が「宮沢賢治展」を開催するに当たり、そのパンフレットに一文を求められた。その折に賢治の本をいくつかまとめて調べてみることになり、その結果、やや意外な感想を得ることになったのであるが、そのことについて書いていきたい。

北上川沿いの町の質屋さんの息子に生まれた賢治は、小・中学校時代に仲間から「石っこ賢さん」と綽名《あだな》されていたらしい。つまり小さいころから石集めに興味をいだき、のちに盛岡の農林専門学校の農学科第二部に入学したのである。

ではなぜ石が好きになったのか？ なにしろ彼は子供の頃から変わっていたから……ではちっとも答えになっていないではないか。文献上に私はついに答えを見付けることができなかった。

ナゾ解きは現場からと、私は、生まれてはじめて、ある春の一日、賢治の故郷の北上川流域へ出張することを決めた。もっとも、実際どの地点に行ったら良いか、そのような予備知識は皆無であった。新幹線の駅でレンタカーを借り、北上川方面へ一人で出発した。新幹線の走る東部と町の中心部は北上川をはさんで両側にあるため、私のレンタカーは何となく両方をつなぐ北上川の真新しい鉄橋の上に来た。賢治の頃とまったく同じかどうかわからないが、いずれにしても、このあたりは彼のテリトリーである。

北上川はいかにもみちのくの大河らしく、悠然と清く静かに流れていた。橋のすぐ近くで、賢治の生家のある町の方へ向かう豊沢川《とよさわがわ》が分流している。この辺は子供の川あそびの場所としてとても適しているように思えた。

鉄橋から見おろすと、川の様子が一目瞭然だ。かなり大きな中洲がある。それは東岸からいくと、あまり足をぬらさずに行けそうだ。もちろん見渡すかぎりの礫《れき》の河原である。ここへ降りて見ることに決め、ハンマーと小型のリュックを取り出し、一〇分位で、この中洲に「上陸」した。

まず全体をざっと見てから、足元の石ころたちを眺める。すると赤いジャスパー（いわゆる「佐渡の赤玉《あかだま》」風）の美しい礫があるではないか。賢治でも私でも、これは見逃せない。三〇分位の中洲の探索ののち、私のリュックには十数個の石が収まった。黄緑色の蛇《じゃ》

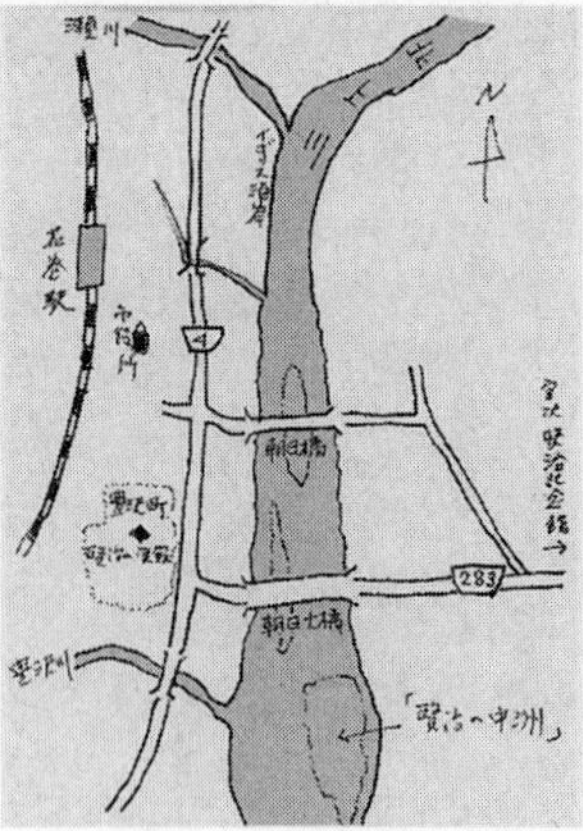

北上川、豊沢川と賢治の実家。

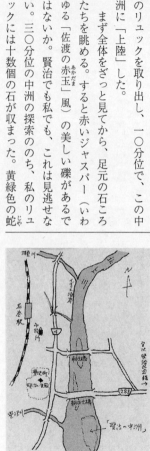

紋岩《もんがん》、緑黄色のエピドート（緑《りょく》れん石《せき》）、青黒い角閃石《かくせんせき》。白い脈のある石をポンと割ると、内部に細かい無色透明な水晶が群生していた。小さいながら黄鉄鉱《おうてっこう》の結晶もある。半時の内に、これほど多様な鉱物が集まる河原はめずらしい。十分な手ごたえをえて、この中洲全域をくわしく調べることにした。

そのうち春の太陽は次第にかたむき、斜めにさしかかるようになる。すると、中洲の先端の方の、逆光の中に、何かピカピカ光るものがたくさん見えてきた。はて何だろう。輝きの正体を見とどけるべく、すこし水中に踏み込んで探すと、数ミリ大、無色透明の粒があちこちで光っている。手に取ると、ガラスのようだが、結晶面に囲まれ、そのぬれた面が

北上川の中洲の調査地。上方に見える鉄橋は豊沢川にかかっている。

斜めの日光を反射していた。それは小さい水晶で、柱面《ちゆうめん》がほとんどない、コロッとした形になっている。

「これは高温水晶だ！」と私は瞬間的に理解した。五七三℃以上の高温の火山岩《かざんがん》中に出来た水晶は、ふつうの水晶が三方晶系であるのに対して、六方晶系であり、原子（イオン）の配列がややちがっている。そのため、端のとがった面が六面均等になり、柱面はほとんどない。その結晶より低温のたとえばペグマタイト中の水晶のように柱状にはならない。ただ高温水晶は温度が降下すると自然に低温水晶に変化する。しかしこの際、元の高温の形は保存されるのである。つまり、高温水晶の形をした低温水晶なのである。火山岩の多い日本では各地でこのような「高温水晶」が知られている。とくに東北地方に多産することも知識として持っていた。

それが今、眼の前にあって輝いている。水中で逆光を受けると、この結晶は最高に美しく輝く。ダイヤモンドの原石は一般にあまり美しくなく、北上川の高温水晶はダイヤモンドの原石より魅力的でさえある。

さらに中洲を調べていくと、ある個所にかなり広い範囲でこの「北上川ダイヤモンド」のみで出来た白い浅瀬があることが判明した。その場所では、この「ダイヤ」のみが大量に集積しており、朝日や夕日をあびるとすばらしい幻想的な光景を現出するはずだ。

感受性に富む少年の心が、この光景に魅了されたのは当然であろう。もう老域に入った私でさえも思わず見とれてたたずんだのである。筆者はここに、宮沢賢治の原点を発見したことを確信した。

2.

「石っこ賢さん」になってしまった宮沢賢治は、これから勉強して、「石の大学士」になりたいと決心しても不思議はない。しかしこれから先はむずかしかった。繁昌する質屋さんの息子であり、学資の点は問題なかったろうが、実利家の父親は賛成してくれなかった。それでもけんめいに頼みこんでようやく盛岡高等農林学校（いわゆる高専の一つ）に入学することが出来た。

鉱物や岩石の学科はなく、それに近い学科に入った。幸い、初代の学科教授だった関豊太郎氏は、土の元は岩石であるという信条から地質学に力を入れていた。みずからドイツに出向き、世界的に有名な鉱物標本商のクランツ社を訪ね、高価な鉱物標本セットを、また日本の島津製作所からも鉱物・岩石標本を購入した。

筆者が後身の岩手大学農学部の井上克弘教授（故人）、溝田智俊《ちとし》助教授に取材をお願いしておいたところ、図らずも、大学内の倉庫を整理したら、上記クランツ、島津両社の標本、それから賢治自身が使用したと思われる地質ハンマーが見いだされたとのこと。私は急いで盛岡へ出張した。

木製の棚に二八段の木製の箱がおさまり、その中に紙箱とラベルの付いた鉱物標本が欠品なくおさめられていた。同様の古いクランツ社の標本は東京大学にもある。しかし東大のものは利用度が高かったためか、管理が悪かったためか、欠品が多く、岩手大学のものにかなわない。おそらく初代の関教授の退任後は地質鉱物を重視する方針は改変され、いつしか倉庫に積まれるだけになったのであろう。

一般にアメリカやヨーロッパにくらべると日本の鉱物標本の保存条件は良くない。黄銅《おうどう》鉱《こう》、輝安鉱《きあんこう》などの硫化《りゅうか》鉱物は日本では表面が黒くなりやすい。思うに、高い湿度とよごれた大気のせいだろうが、真因は管理者の愛情不足がいちばんであるような気がする。

たしかに岩手大学のクランツ標本は保存が良い方であるが、かつて新着当時にはずっと光輝に富み美しかったと思われる。幸福なことに賢治は毎日にでもまだ新しかったこれらの標本を手に取り、見とれ、鉱物名を覚え、その特徴をマスターしていったことだろう。かなり「石の大学士」に近づいてきた訳である。

しかし本当に残念ながら、岩石、鉱物の専門家の席はこの農林学校にはなかった。一般地質学の地質実習で地質図を画いたくらいであったらしい。

賢治は、本当は、仙台の東北帝国大学へ行くべきだった。当時の東北大学は鉱物・岩石学の全盛期であり、優れた専門家が輩出、国際的にも先進的な実験研究が行われていた。もし賢治が仙台に行っていれば、「石の大学士」になれただろうし、東北大学に石っこ仲間の人脈が根付いたかも知れない。

いくら天才級でも一人の人間に左右されるものではなかろう、という意見があるかも知れない。しかし、少なくともわが国の鉱物学の歴史を調べると、一人の人間の大切さがわかってくる。そのことについては別の機会に書きたいと思っている。

旧盛岡高等農林学校の鉱物標本。(岩手大学農学部故井上克弘教授提供)。

さて次に、「北上川のダイヤモンド」に魅了され続けただろう「石っこ賢さん」をしのびつつ、その水晶についてまとめておこう。

（二〇〇六年）

この砂は、みんな水晶

黄鉄鉱《おうてっこう》を重量感ある金属鉱物の代表とすれば、透明でさわやかな非金属鉱物の代表は、衆目の一致するところ水晶であろう。

ベテラン級のミネラル・コレクターに「コレクションの中で、どの鉱物がいちばん気に入っているか」と質問してみると「水晶」という答えが多い。「黄鉄鉱が大好き」という声はなぜか少ない。

昔、わが家の引き出しに水晶が一個入っていた。博物学に興味をもち、若くして亡くなった兄の持ち物らしかった。その兄の顔は思い出せないのに、水晶の形は今でも思い浮かべられる。

それは長さ五cm位の一個の無色透明な水晶で、先端は欠けがなくとがっており、下端は母岩《ぼがん》の脈からうまく外れたようにほぼ平たく割れていて、本当に水晶らしい水晶だった。

自然界に存在するもので、無色透明の固体は案外少ない。ひとつの例として氷がある。日光に照らされた透明なつららは十分に美しい。雪片はルーペで眺めると魅力的な規則正しい結晶をしている。残念ながらそれらは溶けやすく手にとって鑑賞することはむずかしい。

もっとも氷は極地へ行くと、ふつうの岩石になって存在しており、例えば南極大陸を「氷の大陸」とも呼ぶが、それはたんなる表現ではなく、実際、海面上の南極大陸はほとんど氷で出来ている。昔のヨーロッパの人々は南極には行かなかったけれども、アルプス山脈の高山へは登った。そこでは夏でも氷を

世界一位の生産量を誇るアメリカ・アーカンソー州の水晶。上下6センチ。

見ることができた。

アルプスはまた水晶の産地としても、昔から今に至るまで名高い。山中ではしばしば石《せき》英《えい》の脈が見受けられ、昔の人々はこれを氷の層と思ったかも知れない。その脈の中にときには空間があり、無色透明、六角柱状の結晶、つまり水晶が生えていた。

発見者はこの掘り出し物を大切に村に持ちかえったが、それは氷と異なり、少しも溶けず、美しい結晶は永久に輝いていた。神秘性さえ感じられるこのアルプスの物体は宝物のように保存されたが、だれ言うとなく、この物は、氷が徹底的に凍ってもはや溶けなくなったものだ、と信じられるようになった。

先に、石が好きだった宮沢賢治の原点は「北上川のダイヤモンド」にあったろうと述べたが、そのような言い方に、ニューヨーク産の〝ダイヤモンド〟というのがある。

ニューヨークといっても摩天楼のあるマンハッタン島ではなく、郡部の方にハーキマーという場所があって、そこの特産品「ハーキマー・ダイヤモンド」の話である。このダイヤモンドは宝石店では扱っていなくて、鉱物標本店で販売されている。

マンハッタン島は花崗岩《かこうがん》の一枚岩であり、ハーキマー一帯は元来海底のサンゴ礁が由来の石灰質の岩石である苦灰岩《くかいがん》が分布している。

この苦灰岩が地質時代の間に熱水作用を受けて、内部に小さなすき間がたくさん出来て、その空間に熱水の成分の一部が結晶を作っていった。熱水の温度は低かったようで、その証拠にすき間の壁や結晶の中にアスファルト質のものが残っている。入浴できる温泉位のぬるい熱水だったらしい。しかし、ダイヤモンドは高温高圧の条件下で出来る鉱物で、温泉の中とはおかしい。実を言うと「ハーキマー・ダイヤモンド」は、やはり水晶なのである。

水晶をダイヤモンドなんて詐欺ではないかと怒られそうだが、以前から通用している呼名で、アメリカのミネラルフェアに行くと、「ハーキマー・ダイヤ」の専門業者も見受けられる。

ダイヤモンドの特徴として、人は透明で光り輝く小粒のコロッとした物体をイメージする。しかしそれはブリリアントカットされたダイヤモンドのイメージであり、実際にはダイヤモンドの原石は丸味を帯び、そんなに輝いてもいない。地面に真のダイヤモンドの原石とハーキマー産の水晶を転がしておくと、多数の人々は水晶をダイヤモンドと思って拾っていくだろう。

ハーキマー産の水晶は柱面《ちゅうめん》がほとんどないから、「北上川のダイヤモンド」と同じく、コロッとした形になっている。透明度が良く、輝きもすばらしい。最上質の一個の結晶を金や銀のワイヤーでからめて、アクセサリーも作られている。一度、このニューヨーク産の「ダイヤモンド」を手の平にのせ鑑賞してみていただきたい。本当のダイヤより、この「ダイヤ」の方を好きになる人がいるように思う。石の詩人、宮沢賢治も当然その一人になるだろうなと勝手に想像したりしている。

念のために追記するが、このハーキマー・ダイヤモンドは先に宮沢賢治のところで述べた高温水晶ではない。ふつうの柱状の水晶よりもさらに低いほぼ室温に近い環境で生成されたと考えられている。結晶の形は、それぞれの面の成長の速度に左右される。低い温度の水晶が、高温水晶に似た、結晶面の成長を

ハーキマー・ダイヤモンド。一個1センチ前後。

した結果、似た形になったものである。

ところで一般的な水晶は六角柱状の形をしていて、岩石のすき間に着生している。アメリカ・アーカンソー州が、世界の筆頭にあげられる産地である。量と大きさと美しさで、他の産地を引き離している。

先に述べたように歴史的にはアルプスの水晶が有名である。アルプス山脈には、片麻岩《へんまがん》、結晶片岩《けっしょうへんがん》などが広く分布しており、無色透明の水晶はそれらの岩石中の石英《せきえい》脈中に産出する。念のためにいうと、石英と水晶は同じ鉱物であり、肉眼で見えるように大きく結晶したものを水晶という。

アルプスの水晶は数千メートル級の山地にあり、採掘と運送が容易でない。丘陵地をブルドーザーで掘るアーカンソー州とは大違いで、それゆえに高価であるが、特有の気品のある美しさが魅力で、標本市場で高く評価されている。

このアルプスの水晶は多くの人々に知られ、科学者や芸術家に霊感を与えてきた。ちなみに、イタリアで鉱物の研究をしたステノが、鉱物学の第一原則とも言うべき「面角一定の法則」を確立する際にアルプスの水晶を計測しただろうし、またオーストリアの作家シュティフター（一八〇五～六八）は「水晶」という小説を書き、これをもとにイタリアの作曲家ブソッティ(一九三一〜)がバレエ曲を作っている。

日本人は古来、水晶を身近に意識したことはほとんどなかったのだろうか。実は今、日本人で水晶を身につけていない人はごく少ない。腕時計には「クォーツ」と書かれており、それは水晶の英語名である。水晶に電圧を加えると振動が生じ、その周波数が一定である。この特性を利用して、非常に正確に時を刻む時計を作ることができる。

昔は、これを「水晶時計」といって気象台や放送局にしかない高価な品だった。それがいつの間にか「クォーツ」になって、みんなの腕につけられるようになった。しかし「水晶」としては意識されていない。もっとも、クォーツは山で採掘したものではなく、工場で製造されている。

合成水晶の工場に行ってみると、ロケットの胴体のような円筒形の容器が林立しており、その中で作られた水晶が時計用、テレビ用などに使われている。

合成品が量産されても、天然品が不用になることはない。宇宙空間のようなシビアな条件では、天然水晶が勝っているし、また合成水晶は水晶の薄い板を太らせていくという方法で製造されており、その出発点の板には天然の良質の水晶が求められる。合成水晶を多く作るためには、天然水晶も多くいるということになる。近年、世界中の有力水晶山地をアメリカ資本が押さえているらしい。宇宙産業、軍需産業には自然の水晶が不可欠なのである。

アメシストは、水晶が紫色に帯色したもので、二月の誕生石として宝石の扱いを受けている。ごく微量の鉄が含まれ、それが放射線の影響により四価という特殊な鉄イオンになり発色する、という原因がわかってからは、そのとおりを工場内で実現して合成アメシストが量産されている。

こちらは身近な宝飾用である。ただ、問題点は、天然品と合成品の見分けがむずかしいことで、現在、日本の業界では見分けない方針が大勢になっている。天然のアメシストを希望する方は、原石を入手して、それを研磨《けんま》すればいい。

ほかの色物では煙水晶《けむりずいしょう》（黒水晶ともいう）、紅水晶《べにずいしょう》、黄水晶《きずいしょう》（シトリン）があり、さらにアメシストとシトリンの組み合わさったアメトリンという珍種もある。いずれも人工着色品、あるいは合成品ができて市場に出回っている。なかでも天然のシトリンはほとんどなく、普通、アメシストを加熱処理して作る。

ここで国産の水晶に話を戻してみよう。正倉院の御物《ぎょぶつ》にある立派な水晶は岩手県産ではないか、という説を唱えた方がいる。これは可能性があると思われるが、今のところ科学上のデータが得られていない。山梨県の水晶が知られるのは、近世に入ってからといわれてきた。明治以降、塩山《えんざん》市竹森、牧丘町乙女《おとめ》鉱山、甲府市水晶峠、須玉《すたま》町増富など各地で採掘され、印材やメガネ、さらに光学ガラスの原料になり、土産物として御岳昇仙峡《みたけしょうせんきょう》の茶店にも並べられた。筆者が高校生のときには、黒平《くろべら》には水晶掘り専業の人もいた。今も昇仙峡を訪ねると、水晶の土産物は所狭しと陳列されている。

店の人に、念のため水晶の産地を聞いてみると、「この裏の山」で採れたという返事。しかし、本当は「地球の裏側」のブラジル産がほとんどで、第一、アメシストは山梨では出ない。単純にいえば、裏の山の水晶はブラジルの安い水晶にコスト負けしてしまったのだ。山梨にはアメシストが出ない代わりに、魅力的な草入水晶《くさいりずいしょう》がある。本当の草が入っているのではなく、角閃石《かくせんせき》などの繊維状の鉱物が水晶の中に含まれて草のように見える。

地元の特産品を守る、という姿勢（施政）は育たなかったようである。現在、水晶産地の上流にダムが建設中で、その残土で乙女鉱山跡を埋めてしまうという計画があるそうである。

山梨学院大学の十菱《じゅうびし》教授の研究室で、県下の水晶山地の考古学的調査が行われ、山梨の水晶は、実は縄文時代に盛んに採掘され、産地の下手には水晶石器作りの専業集落の遺跡が発掘確認された。その水晶製品を運んだ太古の「水晶の道」も発見されているという。縄文時代に輝いた、日本の水晶の文化はどこに行ってしまったのだろう。今、小中学校の教科書に水晶は登場せず、毎日身につけているはずの水晶について人々の意識はない。

水晶の話をこのような結末で終えるのは忍び難いものがある。そこで、あの鉱物好きだった宮沢賢治に助けを求めることにしよう。「この砂はみんな水晶だ。中で小さな火が燃えている」(『銀河鉄道の夜』)。

子供たちに美しい水晶を見せてやりたい。彼らのうちの何人かは、その水晶の火を自分の胸にともすはずだから。

(『三洋化成ニュース』二〇〇三年)

草入水晶。
山梨県甲府市水晶峠産。
左右約12センチ。

ミケルアンジェロと竜安寺

古代ローマでは、喜びの日に床へ真っ白な石を置き、悲しみの日に黒い石を置く。そして、年末に幸福の日を総計し、不幸の象徴たる黒い石の群とくらべてみる習慣があった。

白い、透明な、清らかなトーンの石は、暗く黒い石、金属光をもつ鉱石類とは正反対である。現代科学の見解によれば、透明純白な清らかな石の中には、内部構造の最高の秩序がみられ、すべての原子、イオン、電子が結晶構造の法則に忠実に、それぞれ自分の居を占めているという。それらは電流を通さない。光を吸収しない。そこには混乱も動揺もない。そこではすべてが調和している。

雪白色の大理石《だいりせき》は、そのすばらしい清らかさで何かおよびもつかぬ気高いものだという観念をよびおこす。地上でこれほど深い白色を呈する物質は他にはない。みずからの堅牢さにかかわらず、大理石は容易に身を屈する。大理石は硬度三度の方解石の微粒集合体であり、やわらかく、ねばりづよい。彫刻、造形にとって白大理石ほど完全な材料はない。

ギリシャ時代には、パロス島産の白大理石が彫刻材として最高のものとされた。その色は純白とはいえない。うすい黄味をおびている。しかし、この大理石は三センチも光を透し、この透明さのために、パロス島産の大理石の仕上りの面はみずからの物質性をおしかくしてしまう。理想化された形象の彫刻にとってこれ以上適した石はないだろう。

パロス大理石は地下の採掘で、多大の困難を伴っていた。ギリシャの凋落とともに採石場は放棄され、一八世紀にフランスの旅行家に発見されるまで長く忘れ去られていた。

イタリアの地中海側の町マッサから一五キロほどはいったところのカララの地から、著名な雪白色砂糖様の大理石が発見されたのは、ローマ皇帝アウグストゥスの時代であった。カララの大理石は質、量とも世界最高の品として当時から現今まで採掘され、いまイタリアの重要輸出品の一つになっている。いまそこには、アルプスの支脈の頂にゆるやかに登る石材鉄道が敷かれている。まばゆい雪白色の石切場は断崖と広大なガレから落ちる岩片で覆われ、アルプスの雪嶺《せつれい》から高度ゼロの炎熱の谷底にまで延々とのびている岩塊の群れの壮大さはすばらしい感銘をあたえる。

ルネッサンスの大彫刻家たちは、大理石を自分たちの構想の実現のための理想的な材料とみなした。

芸術の材料たる大理石にミケルアンジェロは自然の力以上のものを感じた。大理石職人の町セッティニャーノ出身の乳母の乳といっしょに大理石や石に対する熱情を吸い込んだと、彼はしばしば語ったという。ミケルアンジェロはまさにカララの石切場とその石を愛した。

彼は石屋から石を買うのではなかった。彼自身が採石夫であり、運搬工であり、採石者でもあった。事実、ミケルアンジェロは良質の大理石の産地を発見し、開発したと伝えられる。

彫刻家の仕事として、彼は、何が大理石の中にひそみ、何が彼の天才を待っているか、いかにしてその形象を石の中から解放してやるかを観察した。ミケルアンジェロは一つの仕事に対して数カ月もカララの石切場を探索し、また一個の原石の前にひと月も立つことがめずらしくなかった。

「石が私に語りかけてくる。大理石が私の前で打ち震える」とミケルアンジェロは言った。ミケルアンジェロはルネッサンスの自由民権・人間讃歌の思想の体現者であった。「単なるモデルより手と頭脳とがともに芸術の自由なるエネルギーによって石に生命をあたえる」「生ある大理石より芸術の槌は真昼の日の中にあるものをもたらす。それはかくまで美しい。その不滅の美にいつかは時がうちかつとだれが言いえよう」。

これらミケルアンジェロ自身の言葉は彼の思想をつよく表現している。ミケルアンジェロは自然をよく愛し、理解したが、人間をさらに愛し、もっとも美しい自然の一片をつかって人間の自由な知的活動の最高成果としての彫刻作品をつくった。そのためにはこのカララの大理石はなくてはならない材料であった。これ以上の彫刻材料がないことは現在も同じである。

ちなみにカララの大理石の化学分析をみると、炭酸四三・六九六％、カルシウム五五・三八〇％、マグネシウム〇・五八九％、他の不純物は〇・〇％以下で、たとえば鉄は〇・〇〇五％となっている。先にも書いたように大理石は方解石の微粒からなる岩石であって、ふつうは方解石の結晶そのものよりも不純物が多いのであるが、カララの大理石の分析価は天然の方解石の分析例とくらべても、もっとも純粋といえる。カララの大理石の天下一品であることは、ここからも裏付けられるのである。

ミケルアンジェロの作品の大理石の分析値はないだろうが、彼はおそらくこのきわめて純粋な大理石の中から、さらにもっとも純粋無垢《むく》な石を選びぬいたのではないだろうか。

そうした素材から、彼は純粋で真実な美を創造したのであろう。

　優美な彫刻石材大理石に一つの欠点がある。それは多湿で、炭酸ガスの多い所では化学的に溶けてしまうことである。そのうえ、亜硫《ありゅう》酸《さん》ガスから窒素化合物までを多量に空気中にふくむ東京のような土地には、大理石の彫像を野外に置くことはできない。

　ミケルアンジェロが西洋の最大の石の芸術家であるのに対して、日本ではだれがいるだろう。相阿弥《そうあみ》の作と伝えられる京都竜安寺《りょうあんじ》の石庭は、わが国で最高の石の芸術作品とされている。竜安寺の石庭の石はもちろん大理石ではない。筆者の鑑定ではないが、あの石は平凡なチャートだそうである。白砂利は石英《せきえい》な

ミケルアンジェロの傑作、「ダヴィデ」。カララの大理石製。

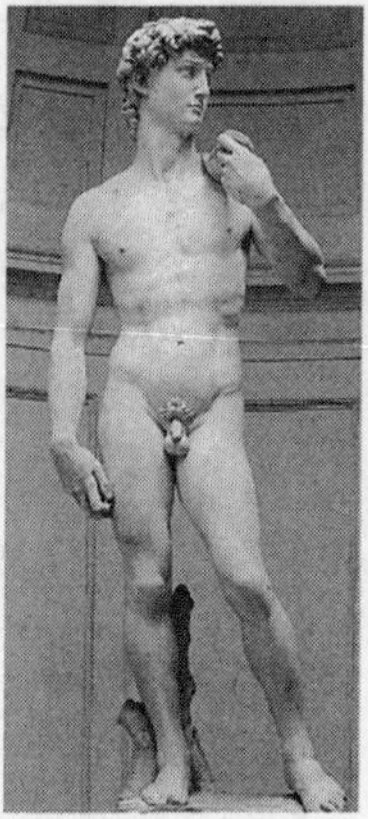

いし珪岩《けいがん》で、どちらもチャートの同類である。

およそ天然の岩石で、チャートぐらい化学的に安定な物質はほかにあるまい。汚染大気下でもびくともしない。石庭の作者はやはり一流の石の知識をもっていたにちがいない。チャートの分析例を調べるまでもなく、特に純粋なチャートを選んだということもあるまい。ミケルアンジェロと石庭はまったく別の芸術なのである。

ただ、大理石とチャートといういずれもひじょうにありふれた岩石を使用したこと、ミケルアンジェロは大理石中特選の石を用い、相阿弥は平凡なチャートの平凡な石を選んだところに、一致点と不一致点がある。さらに砂の色を石庭の基調の色とすれば、ミケルアンジェロと相阿弥も白で共通することになる。

白い石には、雪花《せっか》石膏《せっこう》、月長石《げっちょうせき》、玉髄《ぎょくずい》、オパールなどがあるが機会があれば取り上げてみたい。

(『愛石界』一九七三年)

モーツァルトが石の名前になったわけ

かつて一九九一年は、モーツァルトの没後二〇〇年の記念の年であった。そして、この年に「モーツァルト石（Mozartite）」が発見命名されている。

有名無名とにかかわらず作曲家が鉱物名になったのは初めてだった。ただし、発見地がザルツブルク地方（アルプスの東北端部で鉱物産地が多い）であれば理想的だったろうが、イタリアであった。命名者は「モーツァルトの記念の年の発見であること、モーツァルトが歌劇『魔笛』をはじめ、作品の各所で地質鉱物に理解を示しているから」というやや漠然とした抽象的な理由を述べるにとどまり、それゆえ新鉱物を審査する国際鉱物学連合の新鉱物委員会の方でもとまどったらしい。難色を示す意見も出たが結局、国際投票で三分の二に達する票をえてモーツァルト石に決定された。

その当時ヨーロッパのミネラルフェアで早速モーツァルト石の標本が少量売り出され、

ずいぶん高いとは思ったが、筆者も話の種に一点を購入した。しかしその後、モーツァルト石は日本でも発見された。

二〇〇五年の秋に愛媛大学で日本鉱物学会の研究発表会があり、その際に愛媛県で発見されたモーツァルト石を初めて発見者の皆川《みなかわ》助教授にお願いして見せていただいた。イタリア産とはだいぶ外見の異なるものだったが、世界で二番目の発見になった。

二〇〇六年に入ってモーツァルト・イヤー（生誕二五〇年）の話題の一つとして朝日新聞の人にこの話を伝えたところ、愛媛のモーツァルト石が写真入りで報道され、テレビでも紹介された。

その際に、なぜモーツァルト石と命名するにいたったかの経緯を明記する必要があったので、私なりに文献を調べはじめたのだが、にわかには答えが出ず、記事には間に合わなかった。けれども調べていくうちに思っていた以上に興味のある事柄が浮かび上がってきたので、今やモーツァルト・イヤーは過ぎかかっているが、忘れないうちにご紹介することにした。

命名者が歌劇『魔笛』にとくに顕著に現れていると言っている地質学、鉱物学的影響とは一体何なのか。

歌劇といえばまずは男女の恋愛がテーマで、悲劇になったり喜劇になったりする。『魔笛』にも男女のペアが登場し、ハッピーエンドとなる。しかし本当のテーマは、前半では善の立場に立つ夜の女王が、後半では逆に悪の勢力になり、強い権力をもつ高僧の勢力に敗れるという、かなり思想的ともいえる内容が根本になっている。この筋の展開については、モーツァルトの真意をめぐって今だに論議が決着していない。またモーツァルトは有名な秘密結社フリーメーソンの会員であり、その思想が込められているとされている。

フリーメーソンの起源は古く、明確ではないが、石の職人の組合に端を発しているという通説がある。モーツァルトの時代のフリーメーソンのオーストリアのリーダーは、ボルン（Ignaz von Born, 一七四二〜一七九一）であった。ボルンは鉱山学、冶金《やきん》学者で鉱物と化石の研究者でもあった。彼は三五九二種の鉱物コレクションカタログを一七七五年につくっている。後年（一八四五年）、斑銅鉱《はんどうこう》（Bornite）という重要鉱物が献名されていることからも、初期の鉱物学に大きな貢献があった人物であることがわかる。『魔笛』の重要人物の高僧ザラストロ（Sarastro）はこのボルンをモデルにしたと考えられている。ちなみに、新鮮な時には銅色をもち、後に表面が青紫色になる変色性をもつ斑銅鉱はザラストロの役にもぴったり当てはまっている。

次に台本作者は興行師のシカネーダー（Schikaneder）とされるが、これは表向きで、真の作者、少なくとも陰の共作者はアウグスブルク生まれのギーゼケ（Karl Ludwig Giesecke,

一七六一～一八三三）とする説が強い。彼は若い頃、ウィーンで大学に通いつつアルバイトとしてシカネーダー座に加わり、座主のシカネーダー同様に役者から台本作りまで何でもやっていたという。フリーメーソン会員でモーツァルトとも一緒だった。

彼は後にグリーンランドの鉱物の研究に長年を費やし、アイルランドの首都ダブリンで鉱物学の教授となった。一八一七年から一九年にかけてダブリン協会への鉱物標本を入手するためにウィーンに滞在していた折に、『魔笛』の原作者であることを告白したとされる。

なお彼にはギーゼケ石（Gieseckite）が献名されたが、現在これは霞石《かすみいし》の分解生成物として鉱物種から外されている。

記録に残された『魔笛』初演時の舞台装置。中央上部に吊された星形をはじめフリーメーソンのシンボルがいくつも盛り込まれており、右下に置かれた道具類は鉱山業との関連を示唆するものであろう。初演時に劇場内で別売された『魔笛』の台本中の銅板画より。

さて次は、ドイツの文豪ゲーテである。ドイツ鉱物学会の創立会員でもあるゲーテは『魔笛』に深い関心をもち、台本の改作と続編を試みたといわれるが、舞台上演には至らなかった。

最後の関連人物はK番号（作曲年代順に付けられたモーツァルトの作品番号）で知られるケッヘル（Ludwig von Köchel 一八〇〇～一八七七）である。オーストリア人でモーツァルトと同じくウィーンで没したが、彼の活躍はモーツァルトの死後となった。法律学で学位を取り、その後、植物学と鉱物学と音楽に興味をもった。彼の仕事の中で今日まで有名なものは、いわゆる「ケッヘル番号」である。植物学と鉱物学は当時は両方とも、分類し記載する学問であったから、両方の分類法を知っており、しかもベートーベンの手紙の校閲でも知られるケッヘルは膨大なモーツァルトの作品の分類整理には最適の人物であったはずである。彼は『魔笛』にK.620番を与えた。（ちなみにK.621の歌劇『皇帝ティトの慈悲』は作曲も初演も『魔笛』の少し前であり、『魔笛』はモーツァルトの最後の歌劇である。）

上記のように『魔笛』をめぐっては四名の鉱物研究者が深くかかわっていたことになる。このようなオペラは他にはないと思われる。モーツァルト石の命名者は、このことに注目したのであった。

付け足し的に舞台上のことで気付いた点がある。道化役のパパゲーノが背負っていた鳥籠は昔の鉱山の坑夫が鉱石をかついでいたものに似ていること、それから岩山での「水と火の試練」というのは古代の鉱山の精錬を思わせ、またフリーメーソンの儀式をも暗示している。

なお歌劇はイタリアが本場であって、モーツァルトは有名なオペラ『フィガロの結婚』、『ドン・ジョバンニ』、『コジ・ファン・トゥッテ』など多くの作品にイタリア語の台本を使っている。

『魔笛』の時代にウィーンでは、土地の言語であるドイツ語を使い、より大衆的な楽劇「ジングシュピール」が流行していた。

興行師のシカネーダーと作曲家のモーツァルトは、この路線で共鳴して『魔笛』を制作して成功をおさめた。

終わりに、モーツァルト石について、モーツァルト本人の意見を聞いてみることにしよう。

「鉱物にぼくの名前が付いたんだって、それはうれしいね。ザルツブルクの石でなくて残念ではないかって? そんなことはないよ。ぼくはイタリアには三回も長くいてね、気に入っているんだ。自分のこともイタリア風にアマデーオと呼んでるくらいだよ。二番目の産地が日本だって! それは良かった。当時は東洋趣味が流行していてね、『魔笛』の主人公のタミーノは日本人の王子にしておいた。先見の明かな。すてきな知らせをありがとう。チャオ!」

（二〇〇六年）

文豪ゲーテと鉱物学

モーツァルトの場合とちがって、ゲーテと鉱物に関係があることは、鉱物界では常識になっている。なんといっても、もっともポピュラーな鉱物にゲーテ鉱（針鉄鉱《しんてっこう》 Goethite）の名前が付いているのだから。

ゲーテ（Johann Wolfgang von Goethe, 一七四九～一八三二）はたんに詩人や作家という域をこえて、文化史上の巨人として、世界中の人々にその名前を知られている。私自身も若い頃に『若きウェルテルの悩み』を読んで感銘を受けた記憶がある。もっともその頃は、『若きウェルテルの悩み』やドストエフスキーの『罪と罰』などは若者の必読書になっていた。まだそれほど鉱物への関心もなく、将来ゲーテと鉱物の関係についての文章を書くことになるとは夢にも思っていなかった。

ゲーテとモーツァルトはどちらもイタリアへ旅行した。ドイツやオーストリアは地球儀を見るとよくわかるが、日本より北にある国であり、冬はきびしく、日照も少ない。これらの国の人々が持つイタリアへのあこがれはわれわれが理解できないくらいに強いらしい。アルプスを越え、南下していくと次第に風景が明るくなり、ついに地中海に至る。イタリアはローマ時代からの文明先進国で、ルネッサンスの華が開いた土地でもある。イタリア訪問はたんに地理上の問題ではなかった。とくに芸術家にとって、イタリアの文化はそれを見聞しておかなくてはならない理由があった。

ゲーテのイタリア旅行にはさらに別の個人的な理由もあった。ワイマールのカール・アウグスト公に招かれて政治的公職（大臣に相当する枢密顧問官）を一〇年間つとめて事務煩《はん》多《た》にくたびれてしまったうえに、七歳年長の人妻シャルロッテ・フォン・シュタイン夫人との恋の悩みが重なり、一七八六年九月三日にただ一人で仮名を使って駅馬車に乗りついで南下した。これは逃避行といっていい。アウグスト公へは、一切の公務を退き、芸術家として生きるむねの手紙を送った。

ゲーテ著『イタリア紀行』（相良守峯訳、岩波文庫）より、数節を紹介してみよう。

「山脈のこの部分を構成する岩石は粘板岩《ねんばんがん》と石膏《せっこう》の互層から出来ており、黄鉄鉱《おうてっこう》も混在している。最近の豪雨に洗われて崩壊した山峡に下りていって、求める重晶石《じゅうしょうせき》を発見して大いに喜んだ。それは鶏卵状をなしており、漂石《ひょうせき》でないことは確信しうるが、粘板岩の地層と同時に出来たものか、その後に出来たものかなお調査を要する。私はこのボローニャの重晶石を発送のため荷造りをした。」

「橋を渡るとすぐ火山質の地形となる。（中略）一つの山を登って行ったのだが、その山は灰色の熔岩とでも呼びたい。それは多くの白色の、柘榴石《ざくろいし》のような格好をした結晶体を含んでいる。（中略）

明日の晩はいよいよローマである。」

実は筆者は三〇年以上も前にローマ北方の白榴石《はくりゅうせき》の産地を訪れた。灰色の溶岩中にざくろ石そっくりの二十四面体の白い結晶が入っていた。ゲーテの訪れた場所そのものではないだろうがその地域ではあるだろう。

ちなみに白榴石は一七七三年に白いざくろ石（White garnet）として記載があり、一七九一年にヴェルナーによって白榴石（Leucite）と命名された。「白い石」という意味である。もしかすると、ゲーテが採集した標本が役に立ったかも知れない。筆者が採集した白榴石入りの灰色の溶岩は、まだわが家に残っている。ゲーテゆかりの石として大切にしよう。

ゲーテはベスビアス火山に三回登っている。そのうちの一回は火山の蒸気に囲まれて、自分の足元も見えなくなったと書かれている。学識豊かなゲーテとも思われない危険な行動で、このガスが水蒸気だったらしいのでよかったが、硫気性《りゅうきせい》のガスであれば一命を失っていただろう。自然史学の大先輩のプリニウスが同じベスビアスの調査中に落命していることを知らなかったはずはないのに。

幸いベスビアスから生還したゲーテは、二〇カ月に及ぶ二回にわたるイタリア旅行を終え、心身をリフレッシュして芸術家として再出発し、「古典主義時代」と呼ばれる転機をなしとげ、多くの名作を残すことになった。

鉱物学はゲーテの多彩な活動のうちの一分野に過ぎなかったが、彼はいわゆるアマチュアコレクターではなく、科学者の立場として鉱物に接した。自然科学の初期で、まだ各分野が確立されていない時代にゲーテが真面目に鉱物を観察、採集し、有名な地質学者ヴェ

ゲーテと自筆の標本ラベル。

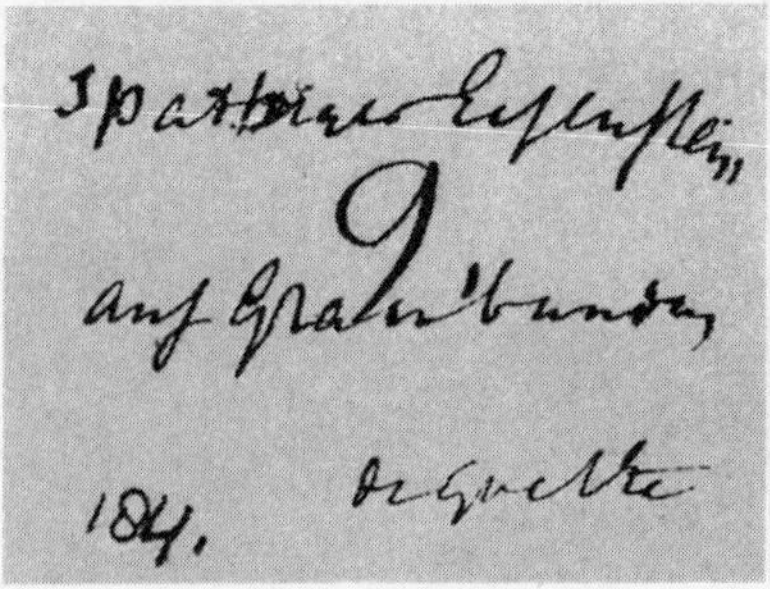

ルナー（Abraham Gottlob Werner, 一七五〇～一八一七）らとフィールドでの観察をもとに議論し、考えを交換しあったのは不自然ではなかった。ワイマール時代にゲーテが同地南方の銀の鉱山を再開させたことも知られている。ワイマールにはいま国立のゲーテ博物館があり、ゲーテが採集し、地域ごとに体系的に整理した岩石鉱物標本が当時のままのキャビネットに保管されている。ゲーテはドイツ鉱物学会の創立会員に選ばれている。最後にゲーテ鉱について触れよう。実は歴史上この名称については若干の混乱があった。鉄は普遍的な元素であるが、地表の条件では単独で存在することはむずかしく、水酸化鉄 $FeO(OH)$ の状態になる。鉄鉱石として顔料として利用されているごくふつうの鉱物である。ただし肉眼的な結晶になることはまれで、土状、針状ないし鱗状の集合体になっている。

その鉱物の名称として、一八〇六年には Göthit 後には Goethite となり、文豪ゲーテが鉱物名になった。少し後に同様の鉱物に鱗鉄鉱《りんてつこう》（Lepidocrokite）の名前が付けられた。一八三三年に二種は同一のものとして Goethite に統合された。

ところが一九〇一年にフランスの鉱物学者ラクロワ（A. Lacroix）によって光学的に識別され、両者はそれぞれ再度別種となった。ただその際にラクロワは取り違いミスを犯してしまった。彼が新しくゲーテ鉱としたのはもとの鱗鉄鉱であり、鱗鉄鉱としたのは元来のゲーテ鉱であった。後に失敗に気付いたものの、今さらそれを逆転させることは出来なかった。そのためゲーテ鉱の原産地は初めと異なり、ドイツのライン地方 Kirchen の Hollerter Zug になった。

もっともこの二つの同成分の鉱物は、肉眼的な結晶がある場合はまれで識別はむずかしい。

なおゲーテ鉱は針状になる性質があることから、針鉄鉱とふつうには呼ばれている。個人的にはこのゲーテ鉱の方がいいと思うのだが。なお、両者がまじって出る場合や、判定不可の場合に褐鉄鉱《かってっこう》(Limonite) という便利な名前があったが、今では使われない傾向になっている。

(二〇〇六年)

パート2　石と歴史の物語

吉良上野介の墓石

東京中野区の上高田《かみたかだ》という所は戦災で焼けなかったのか何となく落ち着いた街並みで大きなマンションなども見当たらない。わが家から歩いて行くのは大変だが、サイクリング散歩の範囲には入っている。

大正時代に東京の旧市内の寺院は郊外の西部、中央線沿いに大挙して引越しをした。東中野駅西北の上高田にある功運寺《こううんじ》もその一つで、通りに面した山門からはわからないが、中には広大な墓地がある。「忠臣蔵」の一方の主役、吉良上野介《きらこうずけのすけ》の墓がここにあると知って、参詣に訪れてみた。筆者はべつに墓巡りの趣味がある訳ではない。超有名人の墓が「散歩」の道沿いにあるという意外性から好奇心が発露したまで。

広い墓地の右手の奥に四基の石柱が並び立っている。吉良家四代の当主の墓であり、大きさもデザインもほとんど同じで、右端が上野介吉良《きら》義央《よしひさ》のものである。宝篋印塔《ほうきょういんとう》形式の立派な墓石ではある。しかし、かつて高校の寮のあった埼玉県野火止《のびどめ》の平林寺《へいりんじ》で見た大名家のものとくらべるとかなり小規模だ。功運寺は吉良家の菩提寺であったという。

今でも毎年師走になると「忠臣蔵」は市井《しせい》の話題になる。港区高輪にある泉岳寺《せんがくじ》には香煙が絶えない。ひきかえ、功運寺の方は知る人も少ない。

殿中の刃傷に至った原因については諸説があり、真相はわかっていない。そして浅野側の言い分は、片方に死を、もう片方に医療(傷の手当て)を与えた幕閣の処分が一方的で武士道に反するというところにあった。

筆者の今回の興味の対象はもちろん過去の

吉良家四代の墓。右端が吉良上野介のもの。

いきさつではなく、現存する墓石にある。それは灰黒色のちみつな岩石で、機械による切断や研磨《けんま》はなく、手作業の彫刻石で、表面に義央《よしなか》の文字が見える。その鋭く刻まれた文字は今もあざやかである。

据付けから三百年以上の長い年月が経っているのに、ほとんど出来たときの状態を保っているのはすばらしい。最善の石材が選ばれたようだ。岩質を調べたいと思ったが、ひじように石目が細かく、個々の造岩鉱物がほとんど見えない。結局、ちみつな火山岩《かざんがん》（安山岩《あんざんがん》）の仲間だろうと鑑定した（奈良時代より採石されているという神奈川県真鶴の「本小松《ほんこまつ》」が代表格である）。ちなみに昨今見掛ける花崗岩《かこうがん》（みかげ石《いし》）類の墓石は長持ちしない岩質だ。異なる熱膨張率をもつ三種の粗粒な鉱物からなる岩石は火事や風化に弱い。

ところで、一定の化学組成をもち一定の原子（またはイオン）配列をもつものを「鉱物」という。鉱物は原則的に結晶をしている（例えば水晶）。その大きさは顕微鏡サイズから大きくて数メートル大で、一〇メートルを越すような例は本当に例外的である。したがって、地層を作ったり、山を形成しているものは鉱物ではなく、鉱物の集合体である。この集合体を「岩石」という。

漢字の「岩」が石と山から出来ているのはこの関係を文字通り表現している。

鉱物の名前には黄鉄鉱《おうてっこう》のように「鉱」が金属系に付き、方解石《ほうかいせき》のように非金属系には「石」が付くのが日本の習慣で、国際性はないが、悪くはないと思う。しかしときに例外があり、「大理《だいり》石《せき》」「黒曜石《こくようせき》」「みかげ石」のように岩石であるのに「岩」でなく「石」が付いている。この名称は日本で「鉱物」と「岩石」の区別が付けられるようになった明治時代より以前にすでにあったからだろう。欧米の先進国では、鉱物と岩石の区別は昔から市民の常識に入っている。

さて、あまり同じ墓石を長く観察していて、浅野方の間者《かんじゃ》と間違えられてもいけないので、黙礼をして立ち去ろうとしつつ、左手前面の片隅に低い記念碑らしい石板があるのに気が

討死した二十八名、他の人々の名前が刻まれた石板。

付いた。そこには討入られたときに赤穂四十七士と戦って討死《うちじに》した人々、他の名前が刻まれていた。その数は付け人の剣客として有名な小林平八郎以下二十八名、他計三十八名。浅野方は知られている通り一名の死者もなかった。念入りの武装をして討入った側とそうでなかった側の違いが如実にあらわれている。とはいえ、討入りは無断で、かつ夜間に決まっているのだから、吉良邸には夜警班はいなかったのだろうか。それにしてもゼロ対二十八名の対比には唖然とさせられた。

元来、吉良は三河（愛知県）の吉良庄の領主であったが、この「吉良」はキラと読み、キラキラ輝くこの土地の特産〝鉱物〟の「白雲母《しろうんも》」から来た名前である。きらら紙、きらら絵などに利用された細かく美しい白雲母は、〝岩石〟である「大石」には敵《かな》わなかった。討入りから長い時が流れて、さすがの大石もすこし風化して丸味を帯びてきたであろう。不利の戦いで討死をした吉良邸の二十八名のことを思いやれば、高輪にのみ香煙がのぼり、中野にないのは武士道、いや人道の偏《かたよ》りと思われる。

（二〇〇六年）

石と雲

われわれ日本人は雲にたいしてどんなイメージをもっているだろうか。夏休みにいった海山の入道雲を思い出したり、故郷の山の夕焼雲をなつかしんだり、一般に日本人の雲にたいするイメージは良い。秋晴れの空に浮ぶ巻雲《けんうん》をみて心なごまぬものがいようか。詩にも歌にも雲は欠かせない。

さて石と雲の関係、はどうか。雲は天上のもの、石は地下のもの、関係はない、とみるのがふつうだろう。しかしここではその「関係」があることを述べたいのである。

石に関心のふかい読者諸氏のなかには石と雲というと、ある本を思い起こす方があるだろう。『雲根志《うんこんし》』である。徳川時代の末期、寛政のころの近江（滋賀県）の人、木内小繁《きのうちこはん》（一七二四〜一八〇八）は風流好学の人で、石亭《せきてい》と号し、石を愛することははなはだしく、三十数カ国を探石《たんせき》旅行し、二千余点の石を採集し、『雲根志』その他の著作をあらわした。ときあたかも徳川の天下泰平の文化もようやく外来の風にあたり一転期を迎え、田村元雄《げんゆう》、平賀源内などが本草《ほんぞう》、物産学を興隆させた時期とも重なり、石亭の石の趣味は時流に投じ、各地に同好者あらわれ、石の商人まであらわれて、『雲根志』はたちまち版を重ね、洛陽の紙価これがために貴し、ということになった。つまりベストセラーになったのである。

石亭の伝記はここでの目的ではないから、彼のことはこの辺でさておくが、客間に「石談より外雑話を禁ず」と貼紙をかかげ、夜も石の夢を専門に見た石亭はまさに愛石界の開祖であり、その巨大な業績、異常な熱意は今日にいたるまでそれをしのぐものがいない。昭和十一年に『木内石亭全集』が刊行され、最近も『雲根志』が上梓《じょうし》されたこと、石亭の標本の一部は三菱金属鉱業（現三菱マテリアル）大宮研究所に保存されていること、また富士宮市に開設された「奇石博物館」では石亭の伝統にのっとり、地質学、鉱物学に裏付けられたユニークな展示を行い、石亭の石のコレクションも見られること、をつけくわえておく。

石亭の著作の中心をなす『雲根志』であるが、筆者は浅学のため、なぜ石の本に雲根という題がつくのかわからなかった。「石亭全集」の解説によると、雲根は中国で石の異名であるという。

高山にかかる雲を考えると、石を雲の根と擬《ぎ》することもできなくはないが、平野や海の上にある雲はどうするのか。土や水も雲の根になってしまう。「雲根」という名前はどうもピンとこなかった。

木内石亭とほぼ同時代の人、佐藤信淵《のぶひろ》（一七六九～一八五〇）も石と雲との関係を認めた一人である。信淵は何の専門家だったのか。経済学者、鉱山家、思想家、農学者、山師《やまし》といろいろあってまぎらわしい。著作も『経済要録』『土性辨《どせいべん》』（祖父・信景の著作を補作）『山相秘録《さんそう》』と各方面に多くの巻がある。学問的には疑問が多く、相当の研究家であっても、またかなり山気《やまき》のあった人らしい。戦争中、国粋主義が巾をきかせたころ、佐藤信淵は鉱山学の世界的大家で、大思想家、大東亜共栄圏《だいとうあきょうえいけん》の源流は彼にあるとまで持ち上げられた。有力な発見発明はすべて自国人のものである式の国威発揚は一時のソ連や戦争中の日本で見られたものである。敗戦後、時代がかわると信淵はすっかり見捨てられ、今では彼の名前を知る人も少ないのはかえって気の毒である。石の方では信淵は重要な先輩なのだから、せめてわれわれの仲間内でも彼の名誉回復を計りたいものである。

『山相秘録』が彼の代表作で、もっとも値打ちのあるものだ、ということでは異論はあるまい。この本は鉱山学の本であるが、そのうちの重要項目に金属の精気により、鉱床《こうしょう》を発見する、いわゆる観天望気《かんてんぼうき》の法、あるいは雲見の法がある。

主峰の正南に向かって北面し、陰暦五月より七月までの間、雨後快晴の日を選び、午前一〇時より午後三時まで、二十町（約二・二キロ）以内の地より北山を望見するとき霞光《かこう》瑞靄《ずいあい》（かすみともや）を発するところあればこれ金山の山相なり、という。さらにこの地を夜間観察すれば金属により特有の色の精気が昇るとある。

こうして石亭も信淵もともに石と雲との関係を認めている。筆者は最初これらを真面目にはうけとらなかったのであるが、その後、この関係の肯定論者にかわった。

ロシアに滞在していたときのことだが、所かわれば品かわるで、びっくりすることはいくらもあった。たとえばジュラ紀層（約二億年前の地層）が黒い粘土で、中からアンモナイトが手で引っ張りだせるなど。しばらくして気が付いたことには、ロシアでは気のきいた雲は出ないことである。空全体をまんぜんとおおう雲は出ても、わが国の四季をかざる装飾的な雲はちっともみられない。

ロシアの南部、黒海に面したクリミヤ半島に旅行してまたびっくりした。日本のに似た雲があらわれるのである。地形も日本に似ている。ロシア大平原は東はウラル、西はカルパチヤ、南はクリミヤ、コーカサスに至るまで山らしい山はない。北は北極海につきぬけている。こんなところでは気のきく雲もできない。ヨーロッパ諸国を旅行してもついぞ雲に感心したことはなかった。雲は国産をもって第一とするようである。

雲がいかに地形を反映するものかよくわかった。地形は地質を反映するから、よって、雲は岩石を反映し雲の根は石であるといえるのである。雲根も雲見術もいずれも中国のものである。中国には行ったことがないが、広大な黄土《おうど》平原もロシア平原と似て雲らしい雲にとぼしいのであろう。そして辺境の天山《テイエンシャン》とか崑崙《クンルン》とかの大山脈にいくと、はじめて神《しん》品《ぴん》ある雲が見られるにちがいない。

中国では仙人や神は高山に住み、雲に乗ることになっている。日本のようにいたるところに高貴な雲が出現するのでは、神仙《しんせん》の思想

夜中金山の精気を望む図。佐藤信淵、山相秘録図より。

も出にくいと思う。

信濃は鉛は黄白色の精気を発するなどと炎色《えんしよく》分析みたいなことをいって、まったく非科学的のようだが、これもまったくのでたらめではない。

斑銅鉱《はんどうこう》および銅藍《どうらん》という二種の銅鉱は紫色と藍色をもち、銅鉱床の上部の地表に近い所に分布するのがふつうである。もしこれらの鉱石が大規模に露出していたら、その色が雲に映えるかもしれない。かつてシベリアのウドカン銅山を視察してきた人の話では鉱山の上空が紫色に染まったのを目撃したという。

雲の美しさは日本の誇るべき天然資源（?）の一つで、われわれはもっと認識してよい。あの美しい雲が日本人の精神にどんな影響をもたらしたか。俳句などもあの雲がなかったら育ちにくかったのではあるまいか。

石と雲の関係がよくわからない日本人は幸せなのである。

イスラムの青い石

「ペルシア――この語はわたくしにとって、ながい間、心の奥でなりつづけた余韻にみちた響きであった。遠い西方で文化の花咲く地。キュロスやダリウスの名とともに伝わるアケメネス朝ペルシア。（中略）ササン朝ペルシアの銀器とペルシアで作られた正倉院の切子《きり》瑠璃《こるり》碗《わん》、首都の長安で袖ひるがえすペルシアの舞姫。つづくイスラーム時代に入ると、ペルシア陶器や細密画《ミニアチュール》。そうした事柄がつぎつぎにわたくしの知識の網にはいるにつれて、ペルシアの名は親しい響きをもって耳をうちはじめ、やがて西アジアを代表する名称としての重さをもつようになった。こうしたことは、じつはわたくしばかりでなく、わが国の人々にとって、共通の感じであろうと思っている。」（三上次男『陶磁の道』岩波新書より。）

ペルシャ文化にギリシャ・ローマ、中国文化を加えて、世界三大文化とされているが、これらの三つの文化はそれぞれにとって象徴的な特定の石をもっている、というのが筆者のかねてからの持論である。

ギリシャ・ローマにとっては大理石《だいりせき》であり、中国文化においては玉《ぎょく》がそれである。大理石と玉をぬきとってしまったら、文化それ自身がなにやら変質してしまうように思われる。そのくらい大理石と玉はギリシャと中国の文化にとって本質的な存在である。では、ペルシャ文化で、そんな役割をはたす石は一体なんであろうか。

青金石《せいきんせき》 Lazurite という青い石がある。通称ラピスラズリ、また、瑠璃《るり》ともいう。「るりもはりも磨かざれば光なし」と、いろはカルタにいう瑠璃である。濃藍色《のうらんしょく》、いわゆるウルトラマリン色、硫黄《いおう》をふくむ特殊な珪酸塩《けいさんえん》鉱物で、たたくと硫化《りゅうか》水素のにおいがする。

「この国の別の山では瑠璃を作る石も産出する。それは世界で最も美しく、しかも最良質の瑠璃だ。瑠璃を作る石は他の石と同じように山にその鉱脈《こうみゃく》がある。」

これはマルコ・ポーロの『東方見聞録』の一節である（青木一夫訳、校倉書房版）。マルコ・ポーロ氏は別に鉱物研究家ではなかったが、瑠璃の産地を訪問したのは、それだけ瑠璃が有名だったからである。この産地は北緯三十六度十分、東経七十一度、現在アフガニスタンのバダフシャン州にある。紀元前数千年から現在にいたるまで一貫して採掘されており、おそらく世界でもっとも古く、もっとも永続きのしている鉱山ではあるまいか。

瑠璃ができるためには非常に特殊な地質環境を必要とするため、世界でも瑠璃の産地といえる所はこのバダフシャンのほか、チリー、バイカル湖畔、パミールくらいしかない。マルコ氏のいうとおり、バダフシャンの瑠璃は世界でもっとも美しく最良質で、埋蔵量も最大である。文化史上、意義をもつ産地は世界でもバダフシャン一カ所である、といって過言ではない。

バダフシャンの瑠璃でつくった細工物はアッシリヤ、バビロニア、古代カルディア、紀元前三千五百年の古代スメル、紀元前四千年の古代エジプトに発見されている。エジプト後期王朝では、高等裁判所の判事は胸に瑠璃製の真理《マアート》の神の像をつけていた。

バダフシャンの瑠璃はアルメニアを通じて西方の諸国へ伝わった。たまたまアルメニアには銅の鉱床《こうしょう》があり、色の似た石がでる。アルメニア人は瑠璃に銅の石をまぜて売り付けた。以来、アルメニア人はすっかり信用を失って、汚名を今なお完全には返済できないでいる。

最初太古の人々は瑠璃をそのまま使った。たとえばエジプト人は例の神聖な甲虫を刻んだ。しかしアフガニスタンの奥地の原石がエジプトに着くまでに幾重もの中間利益がつもって法外な高価になってしまう。一方、原石を粉砕して顔料とすることも太古より行われてきた。瑠璃は最高の青色顔料である。現在は瑠璃と同じ化学成分のものを合成してつくる。

この瑠璃の粉末に混ぜ物を加え、練りあげて塑像《そぞう》をつくるいわゆる瑠璃パスタの技術が発明された。こうすると原石を節約でき、細工も楽になる。人工の瑠璃をつくりたいという古代人の願いは、さらに一歩すすんで、瑠璃を釉《うわぐすり》に用いたタイル、陶器、瑠璃の粉を入れたガラス、七宝《しっぽう》を生みだした。ガラスの起源については別の機会に考えたいが、そこに瑠璃が一役かったことはまちがいない。こうしたガラスをシリアガラスという。

瑠璃、ラピスラズリの語源はアラビア語で青い空を意味する「アズール」にある。われわれが空色というとライトブルーを指し、瑠璃のような濃青色ではない。ペルシャの青空は日本より色が深いだろうが、それにしてもあんな濃い色ではあるまい。実は「アズール」は昼間の空ではなくて、夜の空の色だろうと思う。アラビアの砂漠の空は空気が非常に澄んで乾燥しており、夜になっても空は真っ黒くならず、濃青色である、という。濃青色の空に金や銀の星がちりばめられている。おとぎ話の世界のようだが、実際その美しさはたとえようもないだろう。アラビアで天文学が発達したのはゆえのないことではない。

バダフシャンの瑠璃にはふつう黄金色の黄《おう》鉄鉱《てっこう》の小粒が入りまじっている。アラビアの空と同じではないか。なんという符合か。瑠璃をみてかの地の人々が狂喜したのもむりはない。

イスラム文化の建造物には、瑠璃色のモザイクとタイルが常用されている。ペルシャ陶器に瑠璃の釉は欠かせない。ミニアチュール（細密画）には瑠璃が金色の顔料と組み合わせて使ってある。瑠璃と黄金製の豪華な装飾品。瑠璃のガラス、七宝、パスタ。ペルシャの現代絵画はまるで瑠璃の饗宴の観がある。

ペルシャ・イスラムの文化は青色（ウルト

13世紀に北部イランでつくられたイスラム陶器の傑作。俗にペルシャ人形手とよばれるもの。白色の地に、瑠璃色、緑、茶、黒などで紋様がほどこされている。

ラマリン）の文化である。その色は瑠璃の青である。正倉院の御物《ぎょぶつ》に瑠璃のあること、いろはカルタに瑠璃が歌われていることなどからみて、ペルシャ、イスラム文化の青い糸が日本にも達していたことはあきらかである。

中国の玉、ギリシャ、ローマの大理石については別にまた機会を持ちたい。

月とガラス

現在もっとも普及している無機材料のうちの一つであるガラス。ガラス張り、ということばがあるとおり、透徹、明快な物質であるが、ガラス自身の本質、起源、歴史などについては、それほど明瞭ではない。

ガラスとは、液体が冷えて固化したが、まだ結晶質となっておらず、非晶質《ひしょうしつ》のままでいるものをいう。固体は原則として結晶質なので、ガラスもいずれは結晶して、ガラスでなくなる運命をもつ。ガラスは割れやすい物質であるが、その上に本質的に不安定な存在なのである。地質時代においては、ガラスの寿命はそう長いものではない。古生代のガラスというようなものはないのである。

ガラスは天然ガラスと人工ガラスに大別される。代表的な天然ガラスは黒曜石《こくようせき》である。火山の溶岩で粘性の大きいものが地表で急冷すると、結晶化するいとまがなくガラスになったのだ。天然ガラスについては後でまたふれることにして、人工ガラス、つまりふつうのガラスから話題をひろってゆこう。

人類は、いつごろ、どこで、どのようにして、なぜ、ガラスを製造するようになったのか。遺物として残されている世界最古のガラスは古代エジプトのもので、第一八王朝すなわち紀元前一五〇〇年くらいにさかのぼる。先に述べた青金石《せいきんせき》（瑠璃《るり》）が当時エジプトでは最高の宝石として高く評価されていた。アフガニスタンの奥地、バダフシャンの産地からエジプトの地に、青金石がつくまでに、いくつもの仲買人、いくつもの運送業者の手を経て、価格はべらぼうなものになってしまう。

エジプト人は当然人工の青金石を得ることを考える。まず、瑠璃の粉を補充剤とともに練ってつくる瑠璃パスタの技術を発明した。しかしこれではやはり高価な青金石を五割以上も使わなければならない。一方、エジプトでは釉《うわぐすり》の技術はさらにずっと古代から開発されている。釉というものは本質的にはガラスなのである。釉の発色に青金石の粉を入れてみる。すると、瑠璃パスタよりずっと少量で深く美しく輝きのある瑠璃色がえられる。この技術がしだいに釉からはなれ、ガラスとして独立していく。世界最古のガラスの遺品には、こうした瑠璃ガラスがひじょうに多い。

以上は別に学界の定説ではない。筆者の私見にすぎないが、ガラス技術の起源を解明する一つの手掛りにでもなれば、と考えるのである。もし、そうなら、アフガニスタンの瑠璃がはるかエジプトの地に、ガラスを発明させたことになり、鉱物が人類の文化に遠隔操作《リモコン》で影響を与えた特殊な例となって興味ぶかい。

ところで、カットグラス工芸の世界有数の中心地はチェコにあり、ボヘミアン・グラスとよばれる。かつて東京のあるデパートでボヘミアン・グラス展があった。会場には華麗なガラス器がまばゆく並んでいて、価格もまた相当のものだった。

その中で、筆者は一つの小さなブローチに注目した。偏菱形《へんりょうけい》二十四面体で直径五ミリ位の暗赤色の粒が五、六個組み合わせてある。石榴石《ざくろいし》(ガーネット)の精巧な模造なのである。正確な結晶形、迫真の色、このくらいよくできた石の模造品は他には知らない。本物のガーネットに関する深い知識がなければ、この仕事は不可能である。そのナゾ解きをしよう。

ボヘミヤは世界最大のガーネットの産地だったのである。有名なカールスバート温泉の近くの丘に風化した玄武岩《げんぶがん》の露出があり、この赤い石はその付近に丸味をおびた石榴の粒のような風になって散らばっていた。一七世紀にはすでに有名となり、一九世紀にその最盛期を迎えた。ブローチ、ネックレス、指環になってボヘミヤの石は世界にあふれた。一八八〇年代には一万人以上の職人が働き、研《けん》磨《ま》加工学校ができ、多くの家内工業の工場ができ、石榴石は国家財政をうるおした。二〇世紀に入ると、流行がかわり、石榴石は売れなくなった。工場は相ついでつぶれ、もはや石榴石が国家財政に与える影響はゼロとなった。

ところで、ボヘミヤのガラス工業の方は石榴石と同じく歴史は古いが、この方は流行におくれることなく、着実に発展してきた。とくに石榴石工芸がすたれたとき、宝石の技術と職人が大挙してガラスの方へ投入された。

正倉院のガラス器「紺瑠璃杯」。瑠璃ガラスの系統で、ペルシャ製と考えられている。高さ約11センチ。

それ以来同地のガラス製品はぐっと光輝をまして、ボヘミアン・グラスの名は世界に喧伝され、今日、チェコの国家財政に占めるその割合はけっして無視できないようになったのである。

だから、このガラス製の石榴石は深い意味があるのであり、出来ばえが迫真なのも、もっともなのである。ボヘミアン・グラスのつづくかぎり、ガーネットの模造も作りつづけられるだろう。ちなみに、このブローチは、展示品の中では格別に安いものの一つであった。

最後に特殊な天然ガラスについて少し言及したい。またチェコの話になるが、モルダウ川の流域のモルダウ地方に、モルダバイトとよばれる石が分布している。それは同地方の土中にうずまって産するもので、一センチないし一〇センチの大きさで、表面には種々のもようがあり、半透明のようだが、内部はすきとおっていて、黄緑色ないし暗緑色である。太古から住民はこの石に気付いており、研磨したり、カットしたりして宝石のように利用してきた。鉱物学的研究によればこれは天然ガラスである。しかし黒曜石ではなく、その本体は長くナゾであった。

実は歴史前の太古のある時代に月から飛来したものであるという説もあった。しかし現在、月起源ではなく、巨大隕石《いんせき》が地球に落下した際、その熱で溶けた地上の岩石が空中にとばされて出来たのだとされている。

美しい石の都

ヨーロッパに美しい都市は多い。花の都パリ、水の都ベニス、湖の都ジュネーブ、川と古城の都ハイデルベルク……。

ところで「石の都」というと、どこをおすべきだろうか。かの地の都市はみな石造建築でできているので、ロンドンであろうと、ローマであろうとどの都市をとっても、石の都といえないことはない。しかし、筆者は、自身の体験から、とくにロシアの旧都サンクトペテルブルクを、石の都とよぶことにやぶさかでない。

北の海バルチックの東端の、ネワ川の流れこむ極北に近い沼地に、ピョートル大帝の特命でロシア帝国の権力を象徴する人工都市がきずかれた。東はウラル山脈、西は大西洋岸にいたる全ヨーロッパから、あらゆる資材、石材、めぼしい建築家、職人、石工がかりあつめられた。この期間ロシアでは他の地区に石造の家を建てることは許されなかった。ピョートル帝は新都建設のためにはその全智・全力をかたむけた。石の加工工場が三カ所に新設され、鉱山大学も開設された。冷厳な気候、たび重なる洪水などで建設作業はたいへん難航したが、一八世紀の末には一世紀かかったこの大事業もようやく完成した。ロシア帝国の首都ペテルスブルクの誕生である。この名前は、ピョートルの都という意味である。ソ連時代はレーニンの名前をとって、レニングラードと呼ばれていた。

ロシア経由で西ヨーロッパへ旅行するコースが人気を博しているが、その際、モスクワを軽く見物するていどで、ロシアを去ってしまう旅行者が多いのは残念なことである。ここでしか見られないものがあるのに。たとえば、キーエフのドニエプル川に面する丘の上からウクライナ大平原の大地平線を見下す景観はほかではぜったい見られない。また、石に関心のある者なら、サンクトペテルブルクはまちがっても見逃すべきでない。

モスクワをみてロシアの都市はこうだと思うと大まちがい。都市の風格、美しさからしてモスクワとサンクトペテルブルクでは比較にならない。前者はたんに大きな村にすぎない、とロシア人自身が言っている。

サンクトペテルブルクの中心街ネフスキー大通り。路面をはしるトロリーバスその他二、三を除けばそのまま一八世紀の姿である。ドストエフスキーやゴーゴリの主人公が徘徊《はいかい》した世界が眼の前にある。大通りの両側にならぶ宏麗《こうれい》な石造建築。そのほとんどは世界最古のカンブリヤ紀の花崗岩《かこうがん》からできている。建物を飾るさまざまな彫刻。とくに人面の彫刻が人目をひく。一つ一つの石のマスクがそれぞれ異なり、それぞれ生きている。同趣の人面は他の都市にも見受けられるものであるが、たいていは一様で、それほどおもしろくない。

ネフスキー大通りを北へ向かい、ネワ川の川岸を右へ曲がると有名なエルミタージュ博物館がある。パリのルーブル、ロンドンの大英とならぶ世界の三大博物館であるという。サンクトペテルブルグへ来て、ここを見ないのでは何のためにサンクトペテルブルグへ来たのかわからないという必見の場所である。エルミタージュという名前は「隠棲《いんせい》と休息の場所」を意味している。日本流にいえば隠居所であるが、有名な女帝エカテリーナ二世にとっては、サビとかワビとかいう境地にはまったく縁がない。世界一ぜいたくな金ピカの隠居所をつくりあげたのである。

エカテリーナ女帝はこの隠居所に世界第一級の宝物六〇万点をためこんだ。その後、革命をへて、エルミタージュは国立博物館となったが、今では同館の蒐蔵品は二六〇万点を数える。この莫大な財宝を見学するには一週間あっても足りないという。実に通路の長さは二三キロメートルに及ぶのである。レオナルド・ダ・ヴィンチ、ラファエロの原物、ルーベンス、ヴァン・ダイク、レンブラントの世界一といわれるコレクション。エジプト、アラビア、スキタイの黄金の発掘品……。専門家が驚嘆する品々がひしめいている。しかし、われわれは石の専門家として、石の製品に注意を向けよう。

もっとも、館全体が巨大な石の製品なのだから、どこに視線を向けても、美しい石が鑑賞できるという、まさに、石の美の天国なのである。天井は大理石《だいりせき》、シャンデリアは水晶、壁は斑岩《はんがん》と碧玉《へきぎょく》。床はめのうと瑠璃《るり》のモザイクといったぐあいである。

エルミタージュでの最高の見物はなんといっても孔雀石《くじゃくいし》の間であろう。

一八三六年、ウラルのメドノルドヤンスキ鉱山で二五〇トンの孔雀石の大鉱塊が発見された。孔雀石の間はこの孔雀石と白大理石と青銅からできている。

エルミタージュにはやはりウラルの孔雀石製の高さ二メートルほどの壺がある。巨大な原石をくりぬいて作ったのかと思ってびっくりするが、実はモザイクで、その一片は数センチ大の大きさである。たくみに天然の石目《いしめ》をつなぎあわせてあるので、ちょっと眼には一個の石のように見える。

モザイクではなくて実際に一個の石からできているもので大きいものには巨大な碧玉の

壺がある。四〇トンの大原石からとられたもので、それはアルタイ山地の採石場からコロにのせて馬一六〇頭で大骨をおって引きずってきたのである。

サンクトペテルブルクには、実は、エルミタージュとならんで、いやそれ以上に、すばらしい場所がある。ロシアの大詩人プーシキンの名をとったプーシキンという美しい町が市の郊外にあるが、ここにツァルスコエセロー宮殿がある。

一八世紀半ばに有名な建築家ラストレリによって建てられた大宮殿である。くわしくのべる余裕がないので他は略すが、ここの「こはくの間」は世界の絶品として著名だった。

一七〇九年、プロシャ王ヴィルヘルム一世の命によりダンツィヒの名工の手になったものので、ベルリンのモンビジュー宮殿にあった。一七一七年にベルリンを訪れたピョートル大帝がこれをプロシャ王からゆずりうけ、以来ツァルスコエセロー宮殿に保存されてきた。第二次大戦末、ドイツ軍がサンクトペテルブルク間際まで迫ったとき、宮殿はファシストたちによって破壊され、こはくの間はいずれかへ運び去られてしまった。終戦後、宮殿は再興されたがこはくの間の行方はわからない。

その隠とく場所について、スリラー小説まがいの記事が何回も発表されたが、どれもふたしかなものだった。こはくの間は一体どこにねむっているのだろうか。（近年、こはくの

間は復元された。ナチスによって持ち去られたこはくは発見されず、バルチック産の新しいこはくが使用されたという）

かえりみれば、かつて筆者がサンクトペテルブルクを訪れたのは厳寒二月であった。ネワ川の氷の上を人が歩いているのをみて自分も歩いて渡った。あとで聞くと、ときどき落ちて一命を失う人があるという。いてつく寒気の中であったがサンクトペテルブルクはふかい印象をもたらしてくれた。

世界の大都市でここほど、都市自体が芸術的であり、美しい石の製品にとんだところは他には知らない。ぜひ訪ねることをおすすめしたい。石の都サンクトペテルブルクを！

サンクトペテルブルクの聖イサク大聖堂。前カンブリヤ紀の花崗岩からできている。円柱の長さは一六・五メートルで一枚岩。

石の文化史

環境問題が深刻化して、このまま放置しておいたら、べつに第三次世界戦争がおこらなくとも、宇宙人の攻撃をうけなくとも、人類全体の生存そのものが危ぶまれるような事態を迎えつつある。こうした環境問題に関連して、当然のことながら、自然、ないし自然保護という言葉が従来よりもずっとひんぱんに聞かれるようになった。

人間はいろいろ差異はあっても自然環境の中に生活しているのであって、それを無視するところから公害が生ずる。ところで自然とはなにか。とらえ方は種々にできようが、動・植・鉱物という分類がある。この場合の鉱物とは鉱物学で定義する鉱物ではない。むしろただ石といった方が都合がよい。

現在、われわれは石をどのように利用しているか。これに注意を向けてみたい。鉱石として、石材として、土砂として、セメント材として化学原料として、宝石として、水石《すいせき》としておよび自然研究の対象として利用してきている。

このように、人間は石を利用してきた。ただ利用してきたというと、いかにも一方的な関係のようであるが、現実の世の中の関係はほとんどはいわゆる相互関係なのである。相互というからにはもちろん一方通行ではない。人間は石を勝手に利用してきた、と思っているが、実は石の方も人間に作用してきたのである。

いくつか例をあげてみよう。

黒海の北岸にクリミヤ半島がある。この半島の中央部にシンフェローポリという都市がある。クリミヤへ旅行する者は、飛行機できても汽車できてもここが終着駅であるから、クリミヤの玄関ともよばれる美しい都市である。

このシンフェローポリの郊外に一つの古代遺跡がのこっている。古名をタヴリーダのネアポリスといい、紀元前後にかけてその名を世界にはせたスキタイ民族の古都であった。スキタイ民族は騎馬民族で鉄器をいちはやく武器に採用し、周囲の各国に脅威をあたえた。そうして冶金《やきん》、金工術にすぐれ、かつて日本でひらかれたスキタイ文化展ですぐれた黄金器に接した方もいられると思う。

クリミヤ半島には石器に適した石材が分布していない。石灰岩《せっかいがん》、泥岩《でいがん》、頁岩《けつがん》と少量の火山岩《かざんがん》である。一方、鉄の鉱石には恵まれている。ケルチ地方には大規模な褐鉄鉱々床《かってっこう》があるし、ウクライナ南部には世界的な規模の赤鉄鉱々床《せきてっこう》がある。

こうした自然条件がクリミヤに鉄器文化を育てる原動力になったのではあるまいか。

一般に金属文化の先駆をなしたのは青銅器文化である。青銅《ブロンズ》というのは、ごぞんじのとおり、銅と錫《すず》の合金である。なぜ青銅の代わりに鉄や亜鉛やアルミニウムが先に登場しなかったのか。精錬上の困難性がそれらの金属を青銅よりも後期においたのである。

この説明はたしかに真理であるが、ここにはもう一つの側面がある。錫の鉱石を錫石《すずいし》というがこれは褐色《かっしょく》をしており、太古には川砂の中に大量にふくまれていた。銅のもっともふつうの鉱石は黄銅鉱《おうどうこう》といって黄金色をしているが、ふつう鉱床《こうしょう》の上部では黄銅鉱が空気や水の作用をうけて他の銅鉱物に変質している。それらのうちふつうに見られる鉱物は、自然銅と孔雀石《くじゃくいし》である。自然銅は天然が黄銅鉱を精錬してつくったむくの銅である。古代人はまず自然銅を利用したことは明白である。孔雀石はマラカイトともいわれ宝石としても利用される濃緑色でしまもようのある銅鉱物である。銅鉱床の地表部にはかならずこの孔雀石を伴うので、銅の産地をみつけるのはひじょうにわかりやすかった。もし、孔雀石が存在しなかったら、人類の金属文化史に相当の変化をきたしたことだろうと思う。

孔雀石はまた緑色の顔料でもある。太古から利用された天然顔料にはこのほか、褐鉄鉱の黄褐色《おうかっしょく》、褐色、赤鉄鉱の赤褐色《せきかっしょく》がある。古代の絵画はたいていこれらの三種の鉱物質顔料で色付けされた。黄、緑、褐、赤、これらの色彩はたとえ不純でも上述の普遍的な鉱物からえられる。

この中に青系統の色が含まれていないことはかなり注目に価することなのである。量産する天然の鉱物で安定した青色顔料となりうるものの数は少ない。青金石《せいきんせき》（瑠璃《るり》）はその一例であるが、先にも述べたとおり、これはきわめて産地の少ない鉱物で、古代から知られた産地といえば北半球ではアフガニスタン奥地のバダフシャン一カ所である。バダフシャンの青金石は有史前から利用され、日本の古墳壁画にも使用されているくらい古代社会において広く流通した。しかしその価は宝石的なもので一般人民には無縁であった。

生理学のある研究によると、人間が色彩を認知するのは段階的であるという。人間の視覚は幼時の訓練におうところが大きい。色覚は、赤、黄、緑、の順で開発され、青はいちばんおくれるといわれる。

赤ちゃんのオモチャに赤いものが多いのはこのためである。

人類の歴史をみても同じことがいえる。太古の人は青色をよく認知できなかったようであって、今でも未開の人々は青色を利用していなく、相当する言葉をもたない所もある。自然の顔料の中に青色が欠けているということと、人間の色覚の中で青色がおくれるということとは偶然の一致なのであろうか。あるいは、相互関係があるのであろうか。日本語の「アオ」ということばが緑と青を表し混乱がみられるのは、以上にのべた事態をおそらく反映しているのであろう。

人類の文化は古代にさかのぼればさかのぼるほど、石の影響をつよくうけている。石器時

話題を呼んだ高松塚古墳の壁画。

代ということばもあるくらいである。従来の歴史学、文化史の研究は一方的にすぎる傾向がみられたと思う。石をあつかっても、人間が石を利用したという面しかみていない。石が人間いや人類にどのように影響をあたえてきたかという側面をみる努力が必ずしも十分であったといえない。

しかし、その両側面を総合的にみて研究するためには、鉱物学、岩石学など石にたいする本格的な科学的知識と、冶金、応用化学などの技術的な科学知識と歴史および文化にたいする深い知識が基礎になければ実行不可能である。ロシアの世界的地球化学者フェルスマン（一九四五年没）は、はじめてそれを実行した先駆者で、「石の文化史」ということばは、彼の概念を筆者が日本語化したものである。フェルスマンの後にはまだつづく人がでていないようである。

石をふかく考えると、その一つの結果として「石の文化史」というユニークな学問が生まれてくるということをここでは紹介したかったのである。

タイム・マシーン

実は、筆者は、極秘だが、最近タイムスリップ機の製作に成功した。これに乗って古代へ旅行して、昔の日本をうかがってみたいと思う。読者のうち、ご希望の方は同乗していただいて差支えない。

出発地の選定が大切である。うっかり埋め立てられた都心から出発すると、かつての海中に到着しかねない。完全な耐水設計にはなっていないので、それをさけて、タイムスリップ機を秩父《ちちぶ》の山間地へ運搬した。

出発日を五月二一日とした。それは盛夏や厳寒に到着するのも困るからである。季節同調器はついているが、長年月となると誤差を生じてくる。

いよいよ出発の時が来た。機中を暗くして、スイッチ・オン。いいようのないショックを感ずる。……どの位の時間がたったろうか。気が付くと機の内外が明るくなった。過去の世界へ到着したのだ。昼夜同調器はうまく働いてくれた。

機外へ出る。少し暑い。これはシーズン同調の誤差なのか、この時代の季節が、今日の時代と異なるためか、すぐには判らない。

山なみは基本的には変わっていない。しかし自然のなんと豊かなことか。あらゆる階調の緑が充満している。しっとりした芳香のある微風が顔をうつ。あくまで静寂である。

——御身は、きよらかな花嫁姿をあらわした。

すみきった空のかなたに、

そびえる御身の山なみがきらめいていた。

谷間、樹々、村落が絵模様のように……——

ロシアの詩人プーシキンがクリミヤ半島の山中で詠んだ一節が思い浮かぶ。

あ、どこかで、人の声が聞える。右手の林の中だ。そちらへ行ってみよう。

林の中に広場が出来ており、そこに十数人の人が集まっていた。

彼らは、こちらに気付いて、身がまえている。なかには鋭い石のついた手槍《てやり》を持つ者もいる。しかし害意は感じられなかった。

動物の皮の衣服を身につけている。石器時代らしいが、様子をみると、どうも中期以降らしい。いちばん古い原始時代へ行ってみるつもりでスイッチをおしたが、パワーが足りなかったようだ。

さかんに話しかけてくる。日本語ではあるらしいが、石器時代語は急には理解できないので、用意したタイム・トランスレーターを利用することにした。小型に出来ているので相手には判らない。

「キミタチハドコカラ来タノカ?」

急に相手の言うことが聞こえてきた。

「実は、自分らはかなり遠方から来た者である。石を調べるために旅行している」

「石」という言葉は、彼らに明らかな影響を与えた。

「ソーカ、石ノコトデキタカ。ナニカ新シイ石ヲ持ッテキタカ?」

好奇心をむきだしにして身をのりだしてきた。

「今は持っていない。今度持ってこよう。皆さんの今使っている石をみせてもらいたい」

私たちは、集落の共同作業所のような所へ案内された。丘の中腹の明るい場所にあって、さまざまな石塊《せっかい》や石片《せっぺん》が散らばっていた。

いちばん多い石は、やはり、黒曜石《こくようせき》であった。信州の和田峠のものであろう。彼らに名前をたずねると、「タケシ」と答えた。

西の方のいくつもの山を越えたタケシという土地から出るもので、その石のこともタケシと呼ぶ、という。

数名の人が石器を作っていた。とりたてて道具もないのに、あざやかな手さばきで、次々と石斧《せきふ》が出来ていった。ベテランの人がこうして半専業的に石器を製作しているが、老若男女をとわず、だれでもひととおりの石器づくりは習得しているという。

数多くの黒曜石の破片が陽光をうけてキラキラと反射していた。それらの間に木製の台があり、宝物のように緑色の石塊が置いてあるのに気が付いた。そっと手にしてみる。なんと上質のヒスイではないか。私のびっくりした顔を見て、一人が説明役になった。

「ソレハ、『ヌナカワノタマ』デス。トテモ丈夫ナ石デ、ドンナ石デ叩イテモ割レナイ。私ガタケシニ行ッタ時、ヌナカワノ人ト出会ッテ、コチラカラ持ッテイッタ『ニューノ石』ト交換シタ」

「似タ玉石ハコノ近クデモアル」

ともう一人の男が口をはさんだ。

「コレ、コノ石デス」

とまた別の者が一個の丸石を差出した。見るとヌナカワ産より質はわるいがヒスイ（硬《こう》玉《ぎょく》）らしい。

「これはどこにあったのですか？」

秩父地方のヒスイの産地ではこれまで顕微鏡的な大きさのものしか知られていない。ずっと南方の越生《おごせ》方面にはヒスイと石英《せきえい》が混じった岩石が出るが。秩父にこんな立派なヒスイがあるとは知らなかった。

「アラ川ノ南ノトンドク山ノ南ノキュウラ谷ノ奥ノ方です」

残念ながら石器時代の地名で聞いても、今のどの地点なのか判らない。

「コンナ玉モアル」

また別の者が別の石を差出した。見ると軟玉《なんぎょく》であった。この付近にあるという。

今度は一人の少女が手に握った小さな黒い結晶を見せてくれた。なんと、和田峠のザクロ石ではないか。

「これはタケシの近くの川の中でひろったの？」

と聞くと、彼女はにっこりしてうなずいた。ガーネットはつぶらな瞳のように輝いていた。

また新顔があらわれて一個の赤い石を見せてくれた。それは上質のめのうであった。おそらく常磐《じょうばん》方面から来たものであろう。

鉱物の品評会がはじまった風であった。どういう連絡方法があるのか、次から次へと石をもった人が集まってくる。みんな、楽しくてたまらない、という風で、明るくて、くったくがない。こちらも楽しくて、たいへん参考になるのであるが、残念ながら時間がない。まだ他の時代へも旅行しなくてはならないし、タイムスリップ機のパワーに限りがある。石器時代の初期まで行けなかったことからしても、パワー不足が心配された。仕方がない。三十六計の手しかない。筆者は人垣のすきをついて一目散に逃げ出した。タイムスリップ機へようやくたどりついた。急いでリターン・スイッチをおした。内外が暗くなった。

石器時代に長野県和田峠の黒曜石は石器材料として東日本に広く分布しており、広汎な流通経路があったと推察されている。

和田峠の隣村は小県《ちいさがた》郡武石《たけし》村（二〇〇六年三月上田市に合併）である。武石村は石の名前の付いた村として珍しい存在であり、「武石」とは同村に産するサイコロ形の石（黄鉄鉱《おうてっこう》が褐鉄鉱《かってっこう》に変化した仮晶《かしょう》）で、形は黄鉄鉱の正六面体の結晶が残っている。しかし、ここではタケシは太古には今の褐鉄鉱ではなくて黒曜石のことを指していた、と勝手に仮定してみた。

また大町市北方の長野・新潟県境地帯から日本海沿いの糸魚川市青海《おうみ》地方に至る地方に産出したヒスイがこの時代に知られていたかどうか判らないが、本稿ではすでに石器時代から知られていたと仮定し、さらに和田峠の黒曜石の産地や辰砂《しんしゃ》（丹生《にゅう》の石）の産地とも交流があったことにした。こうした交流はもっと後の時代には確かにあったのである。

総じて、石器時代の人の石の知識は大したものであっただろう。当時、秩父方面にヒスイを産しただろうことも、いちがいに否定出来ない。

さて、ずしんと腹の底にひびくショックがあり外が明るくなった。どこかに到着したのだ。外へ出て見る。やや涼しい。石器時代とくらべて森や林が少なくなっている。その分、見はらしがいい。下の平地に屋根だけのような建物がいくつも見られた。縄文時代なのか、あるいは古墳時代に入っているかもしれない。

降りていくと、たちまち村人たちに取り囲まれた。トランスレーターのスイッチを入れる。

「貴方タチハドコカラ来タノデスカ？」

相手の言うことが聞こえてきた。

「実は、自分らは、石の研究のために遠くからやってきた者である。石に関する知識を交換したいと思うのであるが」

彼らはしばらく相談していたが、

「判ッタ。下《シモ》の部落ニ、石ノ大物識《オオモノシリ》ガイル。ソコニ案内シヨウ」
五、六名の者が案内役になり、山道を小一時間歩いた。この辺は今の秩父市に相当する。細いが、ちゃんとした人道であり、そのコースは現在の国道一四〇号線と基本的には変わっていない。
相当に大きい集落に着いた。鉱業関係の専業部落であるという。前の村長で、石の大物《おおもの》識《しり》である人物に紹介された。男性で、年齢はよく判らないが老人に見えた。

早速、石の話にとりかかった。

「マズ黄金《コガネ》デアルガ、ココノ山中ニハ川砂ノ中ニフクマレテイル。マタ白イ岩、イイキリ（注：方解石《ほうかいせき》のことらしい）ト呼ビマスガ、コノ中ニ黄金ガ入ッテイルコトモアル」

「黄金の入った白い岩はこの川下の北岸にあるのではありませんか」

と言ったら、前村長はびっくりして筆者を見た。

「砂の中の雲母《キララ》を黄金と間違えることはありませんか？」

「私タチノ村人ニカギラズ、フツウノ村人デモ、ソンナ間違イヲスル者ハ一人モイナイ」

「主ナ仕事ハ青銅ノ製造デアル。銅ノ鉱石ハ多産スル。自然銅ト黄銅鉱《オオユミノヤハズ》トソノ他ノ銅鉱ヲ用イテイル」

「錫《すず》の入手はどうしているのですか。ここには錫鉱《すずこう》は出ないと思いますが」

相手は急に深刻な顔付になった。

「ソレデ苦心シテイル。貴方ハ詳シイヨウダカラ、ドコカラ入手シテイルカ判リマスカ?」

「常陸《ひたち》の錫高野《すずごや》のものではないでしょうか」

「正解デス。シカシ常陸ノモノハ各地カラノ需要ガ多ク、コチラノ思ウ条件デノ入手ガムツカシイ。チョウド鹿島《カシマ》ニハ友人ガイテ無理ハ聞イテクレマスガ、次第ニ厳シクナッテイルノデス」

「鹿島はかなり錫高野からはなれていますが、なにかあるのですか?」

「貴方ノヨウナ方ガゴ存知ナイノハオカシイ。錫高野ノ錫鉱ハスベテ水運デ鹿島へ運バレマス。ソシテ鹿島カラ全国へ出荷サレマス。ソレ『鹿島立チ』トイウ言葉ガアルデショウ。アレハソノコトヲ意味シテイルノデス」

「錫高野の近くを流れる川、たしか那賀川《なかがわ》でしたか、あれは鹿島よりも北の方へ流れ出ていると思いますが」

「ソレハ貴方ノ思イ違イデショウ。ナカ川ハ鹿島デ海へ出マス。アノ辺ノ海ヲ鹿島ノ海トイイマス。サイキンソノ北ノ日立デ銅鉱ガ発見サレ、地元デ精錬ヲ行ウコトニナリ、一層錫鉱ノ需要ガフエマシタ」

「それでは他所からの錫鉱を期待されている訳ですね」

「ソノトオリデス。シカシ銅ヤ金トチガイ錫鉱ハ分布ガ限定サレテオリムツカシイデス。コノ国デイチバン規模ノ大キナ錫産地ハ日向《ヒウガ》の高千穂ト聞イテイマス。ソノ中ノ高間《タカマ》ガ原《ハラ》トイウ所デハジメテ錫鉱ガ発見サレタソウデス。コチラノモノトチガイ重硬石《ジュウコウセキ》（注・タングステンのことであろう）ガ混ジッテイナイ立派ナ鉱石デス。東国デハ錫高野ガ大キイ産地デス」

「この近くでは二荒《ふたら》（日光）の近くはどうでしょうか。銅と一緒に錫も産すると思いますが」

それを聞くや老人はハッとなってあたりを見回した。

「エッ、貴方ハドウシテソレヲゴ存知デ。実ハ私タチガ内々開発シテイルノデス。二荒ハ金属ガ多イノデ、私タチノヨウナ村モアリマス。タダ規模ガ小サク、技術モ劣ッテイルノデ、錫鉱ト引換エニ、私タチガ技術指導シテイルノデス」

「二荒山の北側にも錫の取れる所がありますが、ご存知でしょうか」

「ソレハ知リマセンデシタ。二荒ノ人達ハ北側ニ黄金ノ産地ト石黄《セキオウ》ノ産地ガアルト言ッテイマシタ。コンド調ベテミマショウ」

「錫の鉱石は見分けにくいですが、どのようにして見分けていられますか?」

「タシカニ錫ハホカノ金属ノ鉱石トクラベテ見分ケニクイデスネ。褐色《カッショク》ノ系統デスガ、色ガ濃クテ黒ッポイトキハ判リ易イデスガ、淡色ノモノハ目立チマセン。カナリ白ッポイ錫《スズ》石《イシ》モアリマスノデ。トクニ銅ノ鉱石ノ黄銅鉱《オオユミノヤハズ》ト共産スル場合ハ見逃スコトガアリマス。金属ノ艶ヲ持ッテイマセンシネ。銅ノ鉱石ノ中ノ白石（注：石英《せきえい》）ノ中ニ茶色イ部分ガアレバ注意シナクテハイケマセン。ソノ部分ガモロクテ硬ク、非常ニ重タケレバ錫石トミナサレマス。タダ同ジ産状ニ硬重石《コウジュウセキ》（鉄マンガン重石）ガアリマス。ソレハ色ガ濃イコトト、ヒトツノ方向ニ平行ニ割レ、ウス板状ニナッテイルノデ区別シマス。

　錫石ト間違エヤスイモノニ、ザクロ石トベッコウ石（閃亜《センア》鉛鉱《エンコウ》）ガアリマス。ザクロ石ハモット硬ク、ズット軽イデス。ベッコウ石ハ軟カク、マタ割レ方ニ特徴ガアリマス。錫石ハ決マッタ方向ニ割レルコトハナク、割レタ面モデコボコシテイマス。ソシテベッコウ石ヨリ重タイノデス」

「銅の鉱石の方はどうですか」

「三種ノ鉱石ヲ利用シテイマス。自然銅、コレハ銅ソノモノデ、切ルト切レテ銅色ニ光リマスカラスグ判リマス。ソノ銅ノマワリニ赤クテ少シ透明感ノアル鉱物ガデキルコトガアリマス。コレヲ赤銅鉱《セキドウコウ》トイイマスガ、量ガ少ナイノデトクニ利用シテイマセン。ソレカラ緑青《ロクショウ》（孔雀石《クジヤクイシ》）ガ出来ルコトモアリマス。コレハ美シイ緑色ナノデ、顔料トシテ用イテイマス。

イチバン利用シテイルノハ黄銅鉱《オオユミノヤハズ》デス。コレハ新シイモノハ黄金ノヨウニ黄色ク輝ク石デ目立チヤスイデス。タダ似タ石ニ黄鉄鉱《カネノヤハズ》ガアリマスノデ、注意シナクテハナリマセン。マズ色ガチガイマス。黄銅鉱ハ色ガ濃ク、少シ緑味ヲオビタ黄金色トイウ感ジデス。黄鉄鉱ハ色ガ淡クサビシイ感ジガアリマス。ツギニ硬サガチガイマス。黄銅鉱ノ方ハ軟カク、ソウデナイ方ハ硬イデス。

モウ一ツノ銅鉱ハトカゲ鉑《ハク》（斑銅鉱《ハンドウコウ》）デス。割ッタバカリノ色ハクスンダ銅ノ色ナノデスガ、シバラクオクト、トカゲノ背中ノヨウナ紫色ニナルノデスグワカリマス。オヤ、コレハトンダ『山師《ヤマシ》に金鉱』（注：後世の『釈迦に説法』の意味か）デシタネ」

「いやいや的確な鑑定法で参考になりました」

「他ニハ鉛ノ石ガアリマス。非常ニ重タイ石デ、鉛色ニ光ッテイマス。ドコマデモ真四角ニ割レル性質ガキワダッテイルノデ見分ケヤスイデス。コノ石ハトテモ軟カイデス。

ベッコウ石（閃亜鉛鉱《センアエンコウ》）ノ方ハ、見分ケ方ノムツカシイモノノヒトツデス。アメ色デ錫《スズ》石《イシ》ト見マチガエルモノカラ、マッタク黒クテ鉄石ト見マチガエルモノモアリマス。二ツノ方向ニ割レヤスイコト、中程度ノヤワラカサヲ持ッテイルコトナド特徴ガアリマス。コノ石独特ノ感ジヲツカムコト、コレガイチバン大事デス。

コノ地方ニハ白鑞《シロシメ》（輝安鉱《キアンコウ》）モ少シ出マス。コレハ伊予ノ国（愛媛県）デハ沢山出ルトコロガアリマス。棒カ針ノヨウニ延ビタ形ヲシテイマス。鉛色ノ金属光沢デ、トテモ軟カク、一つの方向ニ完全ニ割レル性質ガアリマス。火ニ弱ク禁火《キンカ》ノ火（弱火）デモトカスコトガデキマス」

「まことに的確な鑑定方法で、実に驚きました」

「イイエ、村ノ者ナラダレデモコノ位ハ判ッテイマス」

筆者の半信半疑の顔を見て、説明してくれたところによると、この村には一種の学校があり、村人全員が受講し、試験制度もある、という。そして試験の中心は、鉱物の鑑定にあり、合格すると石の物識《ものしり》になる。

それを聞いて疑問に思ったのは、石の鑑定よりも鉱石の精錬の方がむつかしそうだ。いろいろな化学的プロセスや種々の秘伝もあるだろう。そちらの方を試験の眼目にした方がいいのではないか、という気持がした。その疑問をたずねてみると、

「イイエ、ソレハチガイマス。技術上ノ事ハ後カライクラデモ教エル事ガ出来マス。実際ニ働キナガラ身ニ付ケテイクモノデス。

石ノ中ニハ、例エバ、錫石《スズイシ》ヤベッコウ石ノヨウニ同ジ石デモ色ヤ外観ノマッタク違ウモノガアリマス。異ナル外観ニマドワサレズ、共通スルナニカヲ見イ出スコトガ必要デス。コノ力ハアル程度ハ天性ノモノデ、後カラ教エテモウマクイキマセン。

石ノ試験デハ、一定ノ時間ノ間ニ自由ニ野山ヲ歩カセテ、石ヲ採集サセマス。集メテキタ石ヲ調ベテ採点シマス。種類ノ違ウ石ヲ多ク集メタ者ガ優秀デス。山ホド石ヲ持込ンデモ、ホトンド同ジ石バカリデアレバ、石ノ副次的ナ外観ノ差ニマドワサレテ、本質的ナ差ヲ見抜ケナカッタ者デアリ、コノヨウナ人ニハ他ノ部門へ行ッテモライマス。記憶力ノスグレタ者ハ、例エバ、ヒトノ係（戸籍係らしい）トカ、オボエツタエ係（語り部のことか）ナドデ能力ヲ生カシテモライマス」

「は、よく判りました。たしかにおっしゃるとおりですね。好きこそ物の上手なれ、という言葉がありますが、石の好きな者は見分ける能力もすぐれておりましょうね」

「ソレハイエマス。シカシ試験ヲシテモ判ラナイ能力モアリマス。実ハソレガ一番ダイジナノデスガ」

「どんな能力でしょうか」

「新シイモノヲ発見スル能力デス。コレハ山へ行ク回数トカ、ソノ人ノ知識トカニ比例シマセン。新シイ歌ヲ作ッタリ、新シイ道具ヲ発明シタリスルノト同ジ創造ノ能力ナノデス。

石ヲ良ク見分ケル力ノアル人ガヒンパンニ山へ行ケバ、新シイ発見ガアル筈デスガ、カナラズシモソウハイキマセン。コレハマッタクソノ人ニソナワッタ天運ナノデス。コウシタ者ヲ見付ケ出シテ、十分ニ活躍シテモラワナケレバナリマセン」

若くして石の大物識となり、村長になったこの老人は、その天運を持った人にちがいなかった。

「貴方がたの他にも金属の鉱石を扱う村がありますか」

「コノ地域デハココダケデス。ソウソウ、ニュー（丹生）ノ人々トイウノガイマス。水銀《ミズカネ》ヲ専門ニ扱ウ人々デス。コノ地ニモ水銀ヲ産シマス。赤イ色ヲシタ鉱石（辰砂《シンシャ》）デス。時ニハ水銀ソノモノノ滴リ（自然水銀）モアルヨウデス。顔料ヤ薬品・化粧品ヤ鏡ノ製作ヤ金メッキヤソノ他ノ用途ガアリ、貴重品デス。水銀ノ産地ハ伊勢ノ方ニ大キイノガアリマスガ、フツウハ小サイ産地デ、掘ルトスグ無クナッテシマイマス。ソレデニュー（丹生）ノ人々ハ水銀ノ産地ヲ巡ッテ集団デ移動シテイルノデス。

コノ土地ハ昔ハ水銀ノ産出ガ多ク、ニューノ人々モ大勢住ンデイマシタ。今デモソノ場所ハニュート呼ンデイマス。近頃ハ少ナクナッテキタノデ、ニューノ人々ハ、ナンデモ、鬼石《オニシ》（群馬県藤岡市）ヤモット北ノ方へ移動シテイルト聞イテイマス」

老人の家には各地の石が一杯に置いてあった。彼はその中から自慢の石を次々と取り出して見せるのであった。石を見はじめると時間のたつのが速い。気が付くと日が傾いてきたようだ。はやくタイムスリップ機へ帰らなければならない。タイム切れとなって帰れなくなると大変だ。筆者はあいさつもそこそこに老人の家を去った。

金属を利用する時代となると、鉱物の知識は一層深まったが、その過程で、専門化と集団化がはじまった。精錬のような仕事は個人の手にはおえない。こうして鉱山技術の専業集団が発生していったはずである。

日本の青銅器はすべて輸入品という説もあるが、それはちょっと信じがたい。種子島《たねがしま》に渡来した鉄砲をすぐ作ってみせた日本人の伝統はもっと昔から生きていたものだろう。はじめは輸入しただろうが、ほどなく国産品を作ってみせたであろう。専門の技術集団が大陸からやってきたことも、大いに考えられる。

もう一つ大事な事は、技術とともに鉱石の産地を確保しなければならない点である。とくに青銅に必要な錫鉱《すずこう》の分布はきわめて限られているのである。

ここで気になるのは、日向《ひゅうが》(宮崎県)の高千穂《たかちほ》に天孫降臨《てんそんこうりん》の神話のあることである。同地方は日本最大の錫の産地である。

もし青銅器時代にヒットラーがいたら、日本降臨に際して、西日本では日向の高千穂を、東日本では常陸《ひたち》（茨城県）の錫高野《すずごや》をおさえるよう指令を発したことだろう。神話では、天孫たちはまず常陸の鹿島《かしま》を下見し、そこに橋頭堡《きょうとうほ》（鹿島神宮）を作っておいてから、日向の高千穂に本隊を降臨させたのである。

日向の高千穂に天孫降臨しなければならないような魅力は他にないと思われる。同地方には錫の鉱山が沢山あり、その一つは最近まで仕事をしていた。またその一角の山中に高《たか》間《ま》ガ原という地名も残っている。

茨城県の七会村《ななかいむら》（現城里町《しろさとまち》）の錫高野は古くからの錫の産地で、水戸黄門公が鉱山制度を改革したことも知られている。隣接の高取鉱山は、錫とタングステンの採掘を最近まで行っていた。ただここと鹿島とを結び付けたのは筆者の空想である。

日光《にっこう》は以前は二荒《ふたら》と言った。「ふたら」を「にっこう」と読み方を変えたのである。もともとは「たたら」と縁があるかも知れない。南方に足尾《あしお》銅山、北方に西沢金山を有する。この他にも付近には旧鉱山は多い。関東地方の金属鉱業の一拠点であり、徳川家康が日光を重視したのはその意味も含まれていたと考えられる。

秩父には、古くは和銅《わどう》（天然の純銅）の発見の歴史があり、奥秩父は中津川の日窒鉱山をはじめ金属鉱床《こうしょう》に恵まれている。秩父の地名の由来には各説があるが、丹生《にゅう》→乳生→乳父→秩父となったという説を筆者は支持したい。現在この地方には水銀鉱床は知られていないが、多数分布するマンガン鉱床中には少量の辰砂《しんしゃ》が認められる。それゆえ過去に水銀の産出があったことは考えられる。ただ小規模のものではどなく掘りつくされたのであろう。

「丹生」は水銀ゆかりの地名である。「丹《に》」は赤い砂（辰砂《しんしゃ》）を意味し、その鉱脈のあるところに「丹生」の名前がある。辰砂を精錬すると水銀になる。かつて日本全国をまわって辰砂を採掘した古代一族があった。

古代の金属鉱業の中で、水銀は特殊でかつ重要な地位を占めていたと思われる。本州最大の水銀の産地は、奈良と伊勢を結ぶ線上に配置されている。中央構造線に沿っているのである。ここにおいて古代史上、奈良と伊勢の持つ意味がクローズアップされてくる。

さて、タイムスリップ機に乗り込んで大急ぎで出発ボタンをおした。パワーメーターを見るとまだ少しパワーに余裕がある。江戸時代位ならば一日くらい滞在しても大丈夫らしい。

機外が明るくなって、停止した。外へ出ると、先程とくらべて針葉樹が多い。植林してあるのだろう。農地とかやぶきの農家が見える。ちょうど、数人の人が馬に乗ってこちらへ近づいてくる。

「これ、そなたたちはいずこの者であるか。また異様な風体をして何をいたしておる。わたしは秩父村の学問所に勤める鶴田鉱大夫と申す」

秩父の地侍で学問所の先生をしている。見とがめられたが、幸いタイムスリップ機は彼等の眼には見えないらしい。二人の供をつれている。

「私達は鉱物の研究のために旅行している者です。少しかわった服装をしていますが、これは一種の仕事着です」

「もしや、そこもとは平賀源内先生のお仲間の方ではないか。われらはこれより中津の部落にご滞在中の平賀先生をおたずねする途中であるが」

「源内先生がこの先に滞在されているのですか。それはちょうど運が良かった。実は、まだお会いしたことはないが、平賀源内先生のお名前はよく存じております」

「さようか。もし差支えなくばこれより我らと同道いたしてはどうか。同学の者であれば先生も喜んでお会いになろう」

渡りに舟とはこのことで、筆者は彼らの馬に同乗して、秩父のいちばん奥の中津の部落に平賀源内を訪ねることとなった。

昭和の終わりごろまで難所といわれた山道である。断崖絶壁の細道を馬にしがみついて数時間、もうだめかと思われたころにようやく中津に到着した。こんな山奥なのに急に開けた土地があり、いくらか畑も見受けられた。これから先は峠を越えて信濃の国へ入り、人家のある所まで拾数里はあるという。狩人ときこりの部落と見えた。

白壁に黒い木枠のある立派な家の前に止まった。この地の庄屋の家で、源内はここに滞在して一年になるという。

「たのもう」

学問所の侍は大声を発した。別にだまっていても判るはずだが、客の手前、見栄を張ったのかも知れない。

たちまち家人があらわれて、我々を中へ招じ入れた。客間に入ると、源内とおぼしき人物が端座していた。

「これは先生、益々ご健勝のご様子を拝し恐縮でござります。昨今、山中はまだ寒気おとろえぬものあり、ご難儀でござりましょう。私め秩父の学問所の方が一段と多忙となり、実は師範の桜井氏が病気がちでもあり、また……」

「いや、その辺は後程ゆるりと伺うとして、おつれの方はどなたであるか」

平賀源内はこちらを向いた。色白の小柄な男で、江戸者らしくあかぬけていた。武士とも町人ともつかぬ独特のまげをゆっていた。眼元涼しく、いかにも英才の風があらわれている。あごはややとがり、口は小さく、唇はうすい。

源内は筆者の自己紹介を聞いてから、

「それは遠路ご苦労のことです。小生は本草《ほんぞう》の方では、東都の田村元雄《げんゆう》、大坂の戸田斉宮《いつき》らと交際あり、各地の諸氏も大方は存じておりますが、まだ貴兄のご尊名は伺うたことがない。しかし、野に遺賢《いけん》あり、のことわざどおり、思い掛けず、この山中でお会いできて光栄です」

と、すこぶるそつがない。

「先生は火浣布《かかんぷ》というものをこの地で発明されたと聞いておりますが」

と、まず水を向けてみた。

「ははは、あれがもう聞えておりますか。石綿《いしわた》と申すせんい状の鉱物が秩父に産します所から利用を考案したるまで。布に織り、汚れれば火中に投ずると、汚れのみが燃え去り布は火に耐えて、いわば火にて洗える布というゆえんから火浣布と名付けましたが、ほんのひまつぶし、おほめいただく程のものではござりませぬ」

源内は口をへの字に曲げてみせた。

「それでは先生の中津ご滞在の目的は何でございましょうか」

「それはむろん金属でございます。この地には金山《かなやま》があり、信玄公時代は金山《きんざん》でしたが、金はもはや掘りつくしたと思われる。銅、鉛、鉄は今も産出いたします。ただここでは採掘と精錬がむつかしい。成功すればご府内に近い鉱山として重きをなすことになりまする。

そのためこの源内が当地に逗留して苦心している所ですが、なかなかむつかしい。先月も坑内より湧水がありまして、昔風の水揚器ではなかなか間に合いませぬので、先般長崎の知人より仕入れました新法を試みているところです」

源内先生音声さわやかにして、立板に水を流すごとくである。

部屋を見廻すと、壁には西洋の静物画が掛かっていた。長崎みやげであろう。また客間の欄間《らんま》には幾何学もようの実に斬新なデザインの寄木細工がほどこしてある。源内自身の設計で、江戸から職人を呼んで仕上げたものであるという。

また彼は芝居の台本を書いて、収入の足しにしていた。『神霊矢口渡《しんれいやぐちのわたし》』はここで書いたもので、「磁石の針やこはくのちり、相すいよせて」という、余人にまねのできない表現は、秩父山中の磁鉄鉱《じてっこう》にヒントをえたものである。

それからは秩父の石の話となり、石談の花が咲いた。さすがに彼は当代の英才、天下内外の書物はことごとくそらんじており、さらに長崎渡りの南蛮知識を加味しているところが余人と違っていた。

「近頃、石井光致《みつむね》という者が『滋石論』なる冊子を上梓《じょうし》したが、お目を通されたかどうか。実に愚論駄弁をこねまわした呈のもので、鉄は二百年へると銅に変化するなど、ばからしいことが臆面もなく書いてある。あんなものを出した日本橋の須原屋もどうかしている。

主人《あるじ》の茂兵衛もすっかりもうろくしたのだろう」

先程から飲み交わしている酒が効いてきたのか、切り口上の語り口がさらに鋭くなってきた。白い顔色がポッと染まって、眼がすこしすわってきた。

それから江戸から大坂の学者たちを軒並にこきおろし、痛論していった。松岡玄達《げんたつ》などはくそみそにやっつけられた。自分は、本草《ほんぞう》の分野では、画期的な新著を目下準備しているとも言った。

源内先生の弁論を聞いていて、思うのだが、彼は自説の主張が多く、理屈が先に立って実地の裏付けの方は今ひとつの感じがする。その点、先に会った老人の方が、もとより一冊の本も見ているはずがなく、口数も少なかったが、その実地の知識は的確であった。

源内には自分の知識を応用し、それでひと山当てようという目論見があらわれているが、一方、太古の秩父村の老人の方は、鉱山業はもとより生業であるが、単に知識を利用しているという風ではない。彼自身が石に愛着をもち、その世界へのめり込んでいるのである。この違いは大きい。

ただ源内の話を聞いて、えらいと思ったのは、彼がここ中津の金山《かなやま》で、磁硫鉄鉱《じりゆうてつこう》と硫砒《りゆうひ》鉄鉱《てつこう》という二種の鉱物を識別したことである。

この時代、黄鉄鉱《おうてつこう》のことを「方金牙《ほうきんが》」または「金牙石《きんがせき》」といった。その金牙石は中津に多産するが、それとよく似ていて異なるものがある、と彼は言った。

その一つは金牙石のように立方体に結晶することはない。不定の塊状《かいじょう》であるが、たまには鉱石のすき間に六角板状に結晶する。源内はそれに磁力のあることに気が付いたのである。この磁硫鉄鉱は磁鉄鉱とくらべると弱いけれども磁力がある。

もう一つの石は、金牙石と似ているが、どうして違うかと言えば、叩いたり焼いたりすると砒素《ひそ》特有のニンニク臭が出る（硫砒鉄鉱）。源内は、

「かの有名な石見《いわみ》銀山《ぎんざん》の毒石と同一の鉱石と判定いたしした。しかし精錬の途中で毒気を発するため、自分はこれを扱うつもりはない」

と言った。

黄鉄鉱とよく似た二つの鉱物を、彼が物理的化学的の手段で見分けたのはさすがであった。彼がもし石に的をしぼり、他に間口を広げなければ、世界的な鉱物学者が出来たのに惜しいことだった。

源内先生の弁説は益々佳境に入るの感があったが、もういとまごいをしなければならない。タイムスリップ機を放置して、バッテリーが上がってしまったら一大事となる。

中津部落から必死で山道を下り、ようやく乗機《じょうき》にたどり着いたときは、すっかり暗闇となり、満天降るような星空に圧倒された。

機内に入り早速リターン・ボタンをおした。瞬間また特有のショックがあり、意識が遠のいていった。

江戸時代に入ると、金属鉱業はほとんど一般から隔離され、その分、ふつうの人々の常識の中から鉱物の知識は失われていった。鉱物の知識は、本草学《ほんぞうがく》（薬物学）の一部として取り扱われてはいたが、実物に則しての知識というより古今の典籍の考証学に終始した。このため、名前と実体との取り違えも少なくなく、漢方処方上の問題を生じた。

平賀源内は、四国は高松の生まれで、江戸に上り、若くして本草学の大家となった。しかし彼の才能はその枠におさまらず、エレキテル（発電器）を作って世人を驚かせた（一七七六年）。これは将軍吉宗が洋書の禁をゆるめ蘭学をすすめた時代だったので、長崎渡りの西洋知識を生かしたものである。

二年間、彼は秩父の中津川に滞在し、鉱山開発を試みたが成功に至らなかった。秩父山中の石綿で布を織り、火浣布と称して宣伝した。この方はむしろ西洋よりも早い。（源内の滞在した中津の幸島《さしま》家の屋敷は当時のものが古文書と共に文化財として保存されている。）

松岡玄達は同時代の本草学者で、その門から小野蘭山《らんざん》が出た。源内は玄達にことごとく反論したが、これは功名心に燃え、世に認められたいために敵対した、と評されている。

源内に関しては、次章でも取り上げる。

ところで、古墳時代（?）の老人の話す鉱物の名前は、平安時代に編集された本草書『本《ほん》草和名《ぞうわみよう》』を参考とし、平賀源内の鉱物名は、彼の『物類品隲《ぶつるいひんしつ》』および江戸時代の他の本草書から取った。それらを方解石（イイギリ）、黄銅鉱（オオユミノヤハズ）、黄鉄鉱（カネノヤハズ、方金牙、金牙石）と比定《ひてい》したのは筆者の独断である。この方面の考察はこれまでほとんどなされていない。またトカゲ鉑《はく》は斑銅鉱《はんどうこう》を指す坑夫用語であり、ベッコウ石は坑夫用語で閃亜鉛鉱《せんあえんこう》をベッコウ亜鉛と称することから案出したものである。

以上、日本の歴史の鉱物との関わり具合を示す数シーンを筆者の空想によって再現してみた。

（一九八九年、未発表）

非常の人、平賀源内

先に木内石亭《きのうちせきてい》と佐藤信淵《のぶひろ》のことをのべておいたが、江戸時代の石の分野の人では、平賀源内をおとしては不公平というものである。

平賀源内は享保十三年（一七二八年）讃岐《さぬき》国志度浦《しどうら》に生まれた。名は国倫《くにとも》、号は鳩渓《きゆうけい》。幼少より奇才をあらわし、成人後江戸にのぼり、ときの物産学の大家田村元雄《げんゆう》に入門、物産会を主催、数次にわたる物産会の資料を基礎にして物産学的本草学《ほんぞうがく》書『物類品隲《ぶつるいひんしつ》』（一七六三年）を刊行、物産学者として名をなす一方、風来山人、天竺《てんじく》浪人というペンネームで『根なし草』『風流志道軒《しどうけん》伝』などの戯作を好評続刊、さらに、福内鬼外《ふくうちきがい》の名で浄瑠璃作者に転じ、『神霊矢口渡《しんれいやぐちのわたし》』などを上演、「琥珀《こはく》の塵《ちり》や茲石《じしやく》の針、粋《すい》も不粋《ぶすい》も一様に、迷うが上の迷いなり」のような科学的知識をおりこんだ名調子で新しものずきの江戸っ子の意気に投じた。

石の採集、鑑定、石のブローカー、鉱山コンサルタント、鉱山経営、源内焼きと称する陶磁器の開発、西洋画の教授、羅紗《らしゃ》おりのプラン、寒暖計をつくり、エレキテル、今でいう摩擦起電機を製作。世人は彼を「大山師《やまし》」「キリシタンバテレンの魔術師」といった。さらにオランダの本草書の和訳を試みんとし長崎へ遊学、また源内櫛《くし》なるものをデザインして流行させた。ついには世人は彼を「本草細工人」と呼んだ。そして建築の請け負いにまで手を出したが、ここで計らずも人を殺傷するはめとなり、安永八年（一七七九年）獄中で病死した。五二歳であった。親友の杉田玄白による墓碑銘の末句「嗟非常人、好非常事、行是非常、何非常死」（ああ非常の人、非常の事を好み、行いもこれ非常、何ぞ非常に死

平賀源内。

するや）はよく源内の生涯をあらわしている。

このように彼の活躍は多岐多様、硬軟両用、変化自在であり、またそれぞれ一家をなしているので、平賀源内の人物論や評伝もさまざまな方面からなされている。逆にいえば、あのような多種の分野を一人でカバーできる人物は源内以外にはいないのである。この意味では平賀源内を全面的にはあくできる者は平賀源内しかいない、ともいえる。死の前年、彼は「功ならず名ばかり遂げて年暮れぬ」とよんでいる。

江戸時代は「山師」あつかいされ、戦時中には佐藤信淵と同じく一時大いに持ち上げられたものの、その後の評価は源内には必ずしも好意的ではない。才気がありすぎて、力を集中することができず、あたら才能を十分に発揮できなかった。科学的にも西洋種の横ながしや他人の功をうばうなど独創性はすくなく、人格的にも大いに問題があるといわれている。

かつてテレビで源内役の山口崇《たかし》が、彼のイメージアップにつとめていたのは、石の仲間として同慶の至りである。それをバックアップするつもりで鉱物学に関係のある者から見て、気がつくことを二、三並記してみようと思う。

まず彼の科学方面での最大業績と認められている著書『物類品隲』について。一部の論者はこれを二流の本草書のように言うが、筆者はこのような見解にはまったく賛成できない。博物学は実証の学問である。ところが江戸時代の学問の大勢は文献考証学であった。当時かなり多数出された本草書もいずれも過去の文献をあれこれ考究したもので、早くいえば、実物なしの机上の学問であった。それに反して源内の『物類品隲』は物産会に全国から集まった原物を基礎にしている。この点で平安初期の『本草和名《わみよう》』と並ぶ、日本博物学の名著であると思う。

『物類品隲』には金石類《きんせき》（金属と岩石）が一一〇種で本草書としては異常に多い。明治に入ってから急速に成長した金石学——鉱物学の始流がそこにあるともいえる。

岐阜日吉村に産するビカリヤ化石（通称月のおさがり）について、「乳水玉液《にゆうすい》等ノ螺殻《やこうがい》中ニ入、凝結《ぎようけつ》シテ後螺殻去テ乳液残タルモノナリ」と、科学的に正しい成因説をのべている。

金剛石《こんごうせき》の項に、オランダ渡りのダイヤ指環が田村元雄氏の所蔵にあるとその外観、光輝などを記している。真正のダイヤモンドを実見して記載したのは源内が本邦第一ではあるまいか。

芒硝《ぼうしよう》の項に、この石を日本ではじめて発見し、（田沼意次《おきつぐ》のあっせんもあって）幕府の命をうけて伊豆へ出張、郡官江川氏と協力して、原石を精製したとある。芒硝とは明《みよう》ばんのことである。伊豆田方《たがた》郡上船原《かみふなはら》産、と文中に記されているが、実際、現在も同じ地名の個所に明ばん石の産地がある。第二次大戦中は一時採掘したことがあり、その後は廃坑になっている。筆者は昭和三十年代、この産地を訪れ、ソーダ明ばん石を採集した思い出がある。もっともそのときは平賀源内ゆかりの地とは知らないでいた。

この他、石英《せきえい》と水精《すいしょう》の用語の逆用を指摘するなど、『物類品隲』の金石の部のすぐれた点は多いが、あまり深入りしないでこのへんでさておく。

さて木内石亭の『雲根志《うんこんし》』に、源内の相模の海岸で発見した「舎利貯石《しゃりちょせき》」が非常な奇石として紹介されている。筆者はこれについても思い当たることがある。

鎌倉材木座の一寺の住職で石の好きな方を訪問したとき、近くの海岸でめのうのとれる場所があるとのことで、そこへ案内していただいた。干潮のときでないとわからないが、ここには鎌倉時代に港が建設され、そのとき伊豆半島から安山岩《あんざんがん》が運ばれて築港に用いられた。ところが、たまたまこの安山岩は温泉作用をつよくうけていて豆状の玉髄《ぎょくずい》(この着色したものをめのうという)やオパールを生じていた。鎌倉時代に立派であった港も今はほとんど破壊されて、干潮のときにようやくその跡が一部水上に姿を見せるていどである。波の力で破壊された安山岩中のめのうがときおり浜に打上げられてくる。江戸時代の舎利石とは玉髄のことであり、舎利貯石とは玉髄をふくむ安山岩のことである。

では最後に、源内と火浣布《かんぷ》（耐火性の布）とのいきさつを書いてみよう。明和元年（一七六四年）源内三七歳のおり、武蔵国秩父郡中津川村両神山《りょうがみさん》にて石綿《いしわた》を発見、これを十センチ四方の布に織り、汚れれば火にて焼き洗えるところから火浣布と命名、とくに『火浣布説』をあらわし、「日本は申すにおよばず、唐土、天竺、紅毛にても開闢以来」と大いに自慢した。

ある源内伝の著者は、これは彼の過度の自己宣伝の好例で、当時オランダ人はもっと大きい石綿の布を持参していた、と書いている。古代ローマの大博物学者プリニウス、大旅行家マルコ・ポーロがすでに石綿の布の存在を書いている以上、世界的に見て、火浣布で源内が発明パテントをとれないことは明らかである。

しかし、プリニウスのはインド奥地の話をつたえ記したもので、石綿の利用が実際にヨーロッパでひろがったのは一八世紀はじめのことで、それも一部の地域にかぎられていた。一七八五年スウェーデンのフォックスは石の紙の実験なるものを宣伝して世間をさわがし、ときのアカデミーは彼に金銭上の援助をした。また一八〇六年イタリアのペルペンチ夫人は石綿の織り方の研究で産業奨励会からメダルをもらった。

これからして、一七六四年に日本で火浣布を製作し、その布で多少の大ぶろしきをひろげたくらいは、けっしてとがめだてるべきではない。日本にアカデミーのなかったことが源内の不運だったのである。

昨今、石綿こと英名アスベストはすっかり悪者扱いされているが、人間がいいかげんな使い方をしたからで、石綿自身に罪はない。今後も必要に応じ使用されていくだろう。何しろ、性能的に匹敵する代替品はないのである。

ちなみに、英国の劇場用語で「アスベストス」というと開幕を意味していた。防火のために劇場の幕は石綿で作られていたからである。

「風土」と「風化」

先に「雲」の話を述べてみたが、ここでは「風」を試みてみようと思う。日本語で「風」のつくことばには魅力のあるものが多い。風味、風流、風土、風俗などはすぐ気が付く。このうち「風土」ということばは、日本語らしい美しいことばとして筆者は好きである。いますこし専門的というか、地質学的なことばに「風化」というのがあり、これは一般にもかなり使用されている。

ここではこの「風土」「風化」と「石」の三つを結びつけて、三題噺《ばなし》としゃれてみよう。

話の舞台をいきなりヨーロッパへとばすことにする。ヨーロッパとはユーラシア大陸の西部でウラル山脈以西をいうのであるが、とくに西欧というとドイツ以西となり、面積としては、地図をごらんになればすぐわかるようにそう広い所ではない。一昼夜汽車にのれば端から端へ行きついてしまうのである。このせまい土地に多くの民族と多くの国が、いわばひしめいている。たとえばフランスとドイツとスイスなどはバーゼル市あたりでは国境が集中していて、他国にいくのはかんたん、ビザもいらない。それでいて、国境を越えると、家も人も風景もかわってしまう。民族、気候、「風土」を異にするのである。民族、気候、風土がちがうのであるから、あたりまえといえばあたりまえである。しかし筆者はその根底にふれる何物かについて近ごろ考えるようになった。それは、石を求めてヨーロッパを何回も旅行するうち、あるふしぎな事実に気が付いたからである。

ドイツの鉱物は暗褐色《あんかつしょく》、暗緑色、灰色のもの

ノルウェーのランゲスンド・フィヨルドで石を見る筆者。（一九七二年一〇月一日）

が多く、色調が重くくすんでいる。スイスの石はブルー、白色、褐色の石が多く、色がドイツのにくらべ冴えている。アルプスを越えてイタリアにはいると次第に暖色系となり、紅《こう》れん石、いおうなどの紅と黄が代表的である。

一方、北欧にはいると、なかでもノルウェーは石の産地が多い。色としては派手なものは少ない。有名なランゲスンド・フィヨルドに行ってみたが、すべて灰色といっても過言ではない。しかしその灰色のベースの中に黄、赤、黒、緑黒、紫の各種の世界的に珍しい鉱物がちりばめられている。赤、紫、黄といっても暖色系ではなく「寒色系」である。イタリアの石のようににごった感じはなく、特有の色合をもつもので、とても言葉では言いあらわせない。極北の冬、暗黒の白夜のなか、ときおり極光《きょくこう》が紫がかった光を発して、あたりの岩をふるえるやさしい光線で照らす。そんなとき、この灰色の石とその中に含まれる、赤や黄や緑の石は幻想的な美しさをあらわして、お伽話の世界を形成するのではないか。

イギリスの石は中庸《ちゅうよう》をえている。平均的である。フランスにはいると、同じ鉱物が急にイキになるからふしぎである。水晶や白鉄鉱《はくてっこう》といったごくありふれた鉱物がフランス産となると、まるで有名デザイナーの作品みたいである。フランスの緑鉛鉱《りょくえんこう》の草緑色の石の冴えは天下一品の感がある。スペインにはいると、色がややにごり、やや派手になって、イタリアに近い風になる。ジブラルタル海峡を渡ってモロッコにはいると鉱物の石はほとんど原色に近くなってしまう。アフガニスタン産の青金石《せいきんせき》(るり)と黄鉄鉱《おうてっこう》の組み合わせが、同地方の夜空と星を想わせることはすでに書いた。

ドイツの建物、街並み、風景、人々の気質、言葉からえられる感じ、ドイツの鉱物の感じ、この両者はたしかに似ている。フランス、スイス、北欧しかりである。最初は筆者の思いすごしと考えていたが、何回も訪欧し、世界の石を多く見るにつけて、ますます、これを単に気のせいとして笑って片付けられることができない、と思うようになってきた。やはり、永い歴史のなかで、人と石とが干渉しあった結果なのであろう。

日本でも、これに類似したことはあるにちがいない。ただ日本の地質はあまりにも細かく入りくんでふくざつなので、ここでは見方を石そのものから、石の風化生成物である土に話を転換するほうがわかりやすい。

関東地方ほか東日本に広く分布するローム層(赤土)に対して、関西の花崗岩《かこうがん》(みかげ石《いし》)風化生成物である淡色の土、これは東西の文化の差をよくあらわしている。建物も関西は白壁など明るい感じのものが多いが、関東では白壁は赤土のほこりをあびてすぐよごれてしまう。

本州の地質一般はフォッサマグナと呼ばれる一大断裂帯によって東西に分割され、その境界が静岡から富山へほぼ直線的にぬけている。この東と西とでは地質ががらっとかわってしまう。しかもこのラインが本州の東日本西日本の風俗、習慣、アクセントの境界とほぼ一致しているのはたいへん面白いことではあるまいか。

この東西分割ラインのやや東寄りに富士山がある。関東ローム層は富士山の火山灰である。成層圏には偏西風という風がいつも吹いていて、成層圏まで吹き上げられた火山灰は、この風にのってみんな東へ運ばれてしまう。これが富士山から西に関東ローム層が発達していないゆえんなのである。しかしもし、成層圏の風がなかったらどうだろう。(偏西風は地球の自転からくるもので方向がかわったり、なくなることは考えられないが) 当然、静岡県から西に関東ローム層が発達し、そうなると関東、関西の区別も今よりもあいまいとなったかもしれない。

鉱物が風、空気、雨、日光、寒気など地表の要因によって変質、分解していくことを風化現象という。

鉱物の種類によって風化のスピードがちがう。ノルウェーのフィヨルドで、島の表面の風化した岩石の上に紅いルビーの結晶が一センチものびているのがあった。硬度九度で化学的にもきわめて安定なルビーはほとんど風化されないで残存したのである。水石《すいせき》のある商品の中には、理論的に早く風化されるべきものが逆に出っ張っているものがある。これは天然に見せかけてあっても人工の品であることを石自身が白状しているのである。

ちなみにヒスイ（硬玉《こうぎょく》）の原石は川原の礫《れき》が多い。かつて、日本にこの種の原石がビルマから大量に輸入されたことがあった。ただし、これは風化《ふうか》殻《かく》の一部数センチを研磨《けんま》して内部の色を見せてある（いわゆる窓）品で、しかもその窓は実は染ヒスイという人工着色であった。だから窓の色を信用して買った人は、内部が白色であることを後日発見するはめとなり問題になった。

筆者は一個だけ買ったが、あるイギリスのビルマ・ヒスイ研究家の本を以前に読んであったため、窓を見ず、風化の形を見て買ったので、内部も実際に緑色のヒスイを買い当てた。その秘訣とは、おにぎり形で重いもの、というごくかんたんな内容である。

しかしこれを理論的に裏付けるのは、かんたんではない。

柳田国男の『石神問答』

柳田国男の著書に『石神《いしがみ》問答』というのがあり、小冊子であるが、日本民俗学初期の名著として知られ、余計なことだが、明治四十三年の初版は古書愛好家の仲間では相当の高値をよんでいるという。いまは筑摩書房刊の定本柳田国男集第十二巻におさめられ、どこでも読むことができる。

社宮司、社護神、遮軍神、左口神などさまざまな文字をあてられているが、発音は「シャクジ」というかわった名前の神が中部地方とその隣接地に広く分布している。山中笑《えむ》氏はこれを石神の音読であろうと解されたのに対し、柳田国男氏はその説になっとくせず、またかりにそうであったにしても、その信仰の本質、源流は何であったかという民俗学上の疑問を解こうとされたのである。

かつて筆者は石・鉱物に関した古書の蒐集《しゅうしゅう》を行ったことがあった。数年間、古書展などにかよっているうち、石という文字のはいった本が向こうから筆者の目にとびこんでくるぐらいにまでなった。なかには碁石の配石などという、石は石でもまったく当方に関係のないものまで目について困ることもあった。また余談になったが、このころ、『石神問答』も入手し、自宅の近くに石神井《しゃくじい》という地名もあるし、興味をもって一読したものであった。ただ、『石神問答』にはべつに結論というものがない。民俗学者間の文通により、さまざまな資料や解釈がつぎつぎと展開されていくところにこの本の真面目がある。

シャクジはオシャモジ様ともなって、嬰児の完全を願う神になったり、石棒《せきぼう》・陰陽石《いんようせき》を神体として出産・安産を願う神ともなり、江戸時代にはかなりの流行をみたこともあった。しかし、そうした俗化は後世のもので、シャクジそのものは古代より存在し、あるいは一種の賽神《さいのかみ》(道祖神)、あるいは一種の土地神かもしれず、いずれにしてもその起源の古く広いことを説かれている。

以前、筆者は玉《ぎょく》の考古学上の問題に興味をもって、多少文献をしらべてみたことがあった。その結果は日本地学研究会(当時は日本砿物趣味の会)の機関誌『地学研究』第十七巻益富《ますとみ》寿之助《かずのすけ》博士紫綬褒章受賞記念号(昭和四十一年十二月刊)に「古代史上の玉の問題への提言」と題して発表してある。

ちなみに、玉というのは、硬玉《こうぎょく》と軟玉《なんぎょく》という、よく外観性質の似た二種の鉱物の総称である。翡翠《ひすい》という名前は宝石名で、学術的に定義された厳密な用語ではない。一応、硬玉のうち緑色のものをさすことになっている。

玉は石器時代より、古代人が各種の石の中でもっとも貴び、また汎世界的に広く利用されたことは、考古学上の資料からあきらかになっている。ただ軟玉も硬玉も地球上の産地はきわめて限られ、少数であり、それがどうして、どこから古代世界に流布したかという問題が、考古学上のいわゆる玉論争であって、いまだに明快な解決はみていない。

これはひとつには学界の横の連絡不充分という点が大いに障害をなしているので、鉱物学者、考古学者が共同研究をおこなえば問題の解決はずっとはやまるし、またそうしなければいつまでも解決にはなるまいと思う。日本で硬玉の産地が発見され、地質学の学会誌に論文が出たのに、それから何年もの間、考古学界では日本に硬玉の産地があるかないかが論議された。これは戦前の話であるから、今は多少学界間の交流もよくなってきているとは思うが、まだ充分というにはほど遠いであろう。後年、わが国では第二、第三の硬玉の産地、また軟玉の産地も発見されているが、考古学界のほうではこれらの情報が普及されているのだろうか。

玉の問題そのものはひじょうに興味ぶかいテーマであるが、ここでは石神問答に関係があるかもしれない、と思われることをひとつとりだして述べてみたい。

玉の古代の名称についてであるが、漢字では「瓊枝」と書き、読み方は「カシ」または「ケイシ」であろうということになっている。

玉の原産地はタクラマカン砂漠やさらに西部の中央アジアなので、原語はその方面の土地の言葉であろう。ウイグル語ではカス、カシ、古代カルディアではヤシミ、ギリシャ語ではヤスピス、ロシア語ではヤーシマ、ラテン語のラピス、朝鮮語ではクスルなどのことばは中央アジアの奥地で玉を最初意味したと思われるカシと関連があるとされている。た

重要文化財
ひすい勾玉（まがたま）。
長さ3・4センチ、厚さ0・9センチ。
紐孔は一方から穿たれている。
半透明で表面もよく研磨されている。
この勾玉は、
寛文五年（一六六五年）に行われた
出雲大社御造営のおり、
大社社殿の東方約二〇〇メートルに鎮座する
命主社の後方の巨岩の下から
銅戈とともに発見された。
透明度が高いことから
ミャンマー産とする意見もあるが、
京都大学原子炉実験所の藁科哲男技官の
元素分析によると
新潟産として妥当であるという。
原寸。

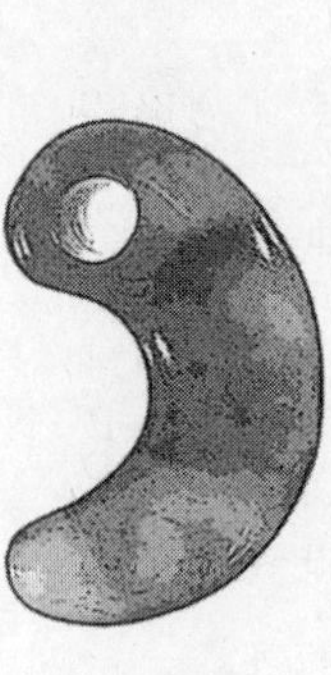

だ、どこでも昔は玉を意味していてもその後、美しい石、また単に石を表すように変化した例が多いようである。

中央アジアの地名にはカシに似た音をもつものが多く、カシミール、カシュガルなどすぐ思いつくし、中国の文献中に出てくる西域の国名でも月氏《げっし》、亀茲《きじ》、車師《しゃし》等沢山ある。日本の翡翠の産地姫川、糸魚川地方は、古代には越《こし》の国（古志、高志とも書く）とよばれていたそうで、現在の上信越などの越はその名残《なごり》かもしれない。

石器時代から古代にかけて人類がすばらしい石、玉に対してもっていた態度は、おそらく、現代のわれわれの想像を絶するほど、重々しく、信仰的であったと思われる。それであるから玉を表す同音語がほとんど全世界に波及したのであろう。今の日本語の石（イシ）だって、中央アジアの玉に本源をもつのかもしれない。

シャクジというのはこの中央アジアの玉を表すことばが日本に伝えられた古形ではあるまいか。クジはいかにもクシに似ているし、車師《しやし》などの地名の例もある。

日本は山の国であり、また同時に石の国でもある。昔の祖先が石に特別の関心をはらったのは当然である。玉川という川の名前は全国に多い。玉のような石の出る川という意味で、実際、玉石《ぎょくせき》の産地を流域にもつ例がある。また久慈川《くじがわ》という名前の川もいくつかあるようで、これも玉石の川の意味であろう。茨城県の久慈川には実際今でもめのうがある。久慈という名前は玉という名前よりも古いように思われ、またあるいは朝鮮系の名称なのかもしれない。

シャクジにしても、その所在地の地質的性格、ご神体があればその鉱物学的研究、また古代語学的研究、とくに朝鮮系の石や玉を表す言葉の研究、こうしたものを組み合わせて総合的に調査、研究を行えば、あるいは、新しい「石神問答」が書けるかもしれない。

以上、専門家から一笑に付されるようなことを思いつくまま書いてみた。しかし、石の世界というのは意外に広いものだ、ということ、あるいは広いらしい、ということが言ってみたくて、あえて筆を執った次第である。

(ここまで注記以外は『愛石界』一九七二〜七三年)

エメラルドの切手

ご覧いただく切手は一九六三年に発行されたもので、「エメラルド、ウラルの宝石、ソ連邦郵便、一〇カペイカ」とある。

エメラルドは、宝石の女王ともいわれる宝石中の宝石で人気が高い。ベリリウム、アルミニウム、珪素《けいそ》、酸素からできている鉱物で、微量のクロムやバナジウムが混じると特徴的な緑色になる。アクアマリンも鉱物的には同じなのだが、鉄分のために水色に帯色している。エメラルドは人工的にも作られているが、宝石としては天然産が貴ばれる。

産地は、今は、コロンビアが有名であるが、アメリカ大陸が発見される以前は、もちろん、別の産地の石が利用されていた。エジプトのクレオパトラ女王もエメラルドを所有していた、とされるが、その産地はよくわからない。

ヨーロッパの歴史的な産地の第一はアルプスの一角にある。オーストリアのザルツブルクから西方のアルプスに入った山奥に産地があり、今でも細々と採掘されている。

しかし品質と大きさが相俟《あいま》って、エメラルドが宝石の女王に出世したのはウラル山脈の産地が発見されてからであった。一八三一年に樹の根を採りにいった土地の農民が偶然に発見したと伝えられる。

やがて二キログラムを超える巨大な原石も見つかって、ウラルのエメラルドは一躍世界的に有名になった。コロンビアの産地が発見されてから、第一位の産地はゆずるが、今なお世界有数の産地として、ウラルのエメラルドは採掘されている。

エメラルド、ウラルの宝石。ソ連邦郵便、一〇カペイカ。一九六三年。原寸。

筆者は一九九四年にウラルの鉱山を訪問することができた。ここは特別の許可を必要とするので、入山できた外国人の数は多くない。地下に坑道をうがって、大量の岩石を採掘し、地表に運び上げ、それを水で洗って、エメラルドを人の手で選び出すのである。

筆者も地面を見ると、小さなエメラルドが転がっていた。案内の人に見せると、早くポケットに仕舞いなさいといわれた。

研磨《けんま》工場も見学したが、ここではイスラエルの資本と技術の提携で作業が進められていた。ソ連時代には純国営だったが、今は外国の資本を求めているのである。

ところで、切手に示されたエメラルドはカットされた宝石ではなく、母岩《ぼがん》に付いた自然の結晶である。「本当に美しいのはカットされた宝石ではなく、天然の結晶だ」というのが筆者をはじめ鉱物愛好家の意見で、それを破壊して削る人の気が知れない、という人もいる。原石の結晶が切手にデザインされているとおり、ロシアにも鉱物の愛好家が大勢いるのである。

モスクワにあるフェルスマン鉱物博物館にこのウラル産の世界最大のエメラルドが展示されている。博物館は帝政時代に皇帝の命令で創立されたものだし、ヨーロッパでは、王侯貴族、メディチ家のような富豪、ゲーテのような芸術家に鉱物の愛好家が多い。

それはギリシャにはじまった自然科学の一環に水晶などの結晶の観察が含まれているためであり、もうひとつは、鉱物資源を利用して文明が成り立っていることに対する指導者たちの敬意が根底にあるからである。欧米の博物館の鉱物部門が充実しているのもそこに原因がある。だから鉱物の切手も日本を除く各国で発行されている。

ウラルの都会、エカテリンブルク市を訪問して、鉱物を展示する博物館を二館訪問した。街角へ出ると、大通りのマンホールのフタがなかったり、一方通行の道路をマフィアのベンツが逆に疾走していたりしたし、庶民は超インフレに悩まされ、苦しい日々を耐えている。政治や社会は混乱が続いて先行きが見えない。それでも博物館の売店では鉱物標本がよく売れていたし、鉱物を販売するミネラルショーも開かれて、満員の盛況だった。エメラルドの結晶が切手になるのにはそれだけの背景がある。政治の変動を乗り越えて、社会の根底に力がある。したがってロシアの前途も暗いものばかりではないはずである。

(『郵政』一九九七年)

パート3　石をめぐる人々の物語

ジェム・アンド・ミネラルショー

アメリカ南西部アリゾナ州にツーソンという都市があります。州都フェニックスに次ぐ大都市ということですが、中心部に行ってもツーソン・ギンザといえる街並みは見当たりませんし、盛場《さかりば》的な区域もありません。そのかわりロスやニューヨークのような危ないこともない健康的な街なのです。

毎年二月になりますと、この街に全米および世界中から、十万人を越す大勢の人々が石のために集まってきます。著名なツーソン・ジェム・アンド・ミネラルショーが開催されるのです。今年（一九八三年）は日本から二十数名の方が訪問されたようで、筆者もその一人なのですが、この種の催物では世界最大のツーソン・ショーへ行かれる方は今後も増えそうです。行ってみたいがどんな所なのか？　というお問合せを個人的にいただくこともありますし、ジェム関係者の間で関心も高いと思われますので、この誌面をかりてツーソン・ショーの概略をご案内してみることにいたしました。

ご参考までに前説を少し述べさせていただきますと、そもそもツーソンは西部の鉱山業の中心地として発展した町だったのです。銅、鉛、亜鉛、金銀、バナジウムといった各種の金属の鉱石を産出する鉱山がツーソンのまわりにはたくさん存在しています。今では、その多くはすでに採掘済みとなって休廃止鉱山です。

大きな鉱山になりますと、山で働く人々が集まる鉱山町が形成されます。各地から人や商店や銀行が集まって、鉱山が盛んな時には活況を呈するのですが、やがて栄光の時代が去り、鉱山が廃止されますと、人々は次の稼ぎ場所を求めて潮の引くように消えていきます。あとには人気のない街並みが残り、時とともにこわれ、朽ちていきます。こういうのをゴースト・タウンといいます。

ツーソンの周辺にはこのようなゴースト・タウンがいくつもあります。なかでも、ビスビーとかツムストーンは有名です。ツムストーンといえば、西部劇で名高いＯＫ牧場というのはここにあったのです。ワイアット・アープの保安官が悪玉クレイトン兄弟と対決する名場面、おぼえていらっしゃるでしょうか。

有名なゴースト・タウンは今では観光地となり、博物館ができていて、昔の鉱山の跡も入場料を払うと見学をして、ズリ（廃石の捨場）の中から金鉱石（?）をひろうこともできます。ただしリュックをかついだり、ハンマーを持参してはいけないことになっています。

西部劇の場面を再現するショーも上演され、場所によっては、西部劇の服装とピストルなどを貸して記念撮影ができる所もあります。あるときそこへ行った知人がたいへん不機嫌な顔で戻ってきましたので、一緒に行った人に聞きますと、「貴方には保安官より酋長の服がピッタリ」と言われたとか。

ツーソンは鉱山町そのものではなく、鉱山町を束ねる都市だったのでゴースト化はしませんでしたが、郊外の一角に古い街並みが再現されていてオールド・ツーソンと呼ばれ、ジョン・ウェインのスタジオもありました。一体に西部劇というと牧場が舞台になるのが多いようですが、それは映画に仕立て易いためで、実録ではクレイトン兄弟などの悪玉は鉱山町の顔役だったのではないでしょうか。

ツーソンは歴史的に鉱業の町だったのですが、今でも周辺にはクリソコラ、アズライト、マラカイト、トルコ石などの美石《びせき》の産地が分布しています。ツーソンで石のショーが開かれ、発展してきたことには、このような背景があったのです。

ショーの開催は毎年二月上旬に決まっています。二月はアメリカでも寒いわけですが、メキシコ国境に近いツーソンでは日本の四月くらいの陽気で人々がここに集まるのは避寒の意味もあるのです。

ツーソンの町の中心部にコミュニティー・センターという大きな建物があります。公会堂、市民会館といったところでしょう。例年そこの地下大ホールと一階の中ホールでジェム・アンド・ミネラルショーが金・土・日の三日間開かれます。

ホールでは全米および世界各地から石の業者が集まって、それぞれ多種多様な石を思い思いにテーブルに並べたり、ショーケースに飾ったりしています。石にはラベルという小紙片がついていて、石の名前、産地、価格などが記入されています。気に入った石はその場で買えるわけです。スミソニアン博物館をはじめ各地の公立博物館も自慢の品を展示しています。今年は中国の地質博物館からの出展があり、中国の専門家の講演があるというのが話題の一つになっていました。

ホールの他にいくつかの別室があって、講演会やシンポジウムや特別展示が行われています。シンポジウムはたとえば「ペグマタイト鉱床《こうしょう》に産する鉱物」といったテーマで、宝石はペグマタイトに産することが多いのですから、ジェム関係者にとっても興味深い内容であると思います。今年の特別展示はマイクロマウント・コレクションでした。この「マイクロマウント」については別の機会にぜひご紹介したいと思っております。

会場では標本の他に図書と器具の展示もあります。アメリカには石に関する本や雑誌が豊富です。ニューメキシコ州の石の産地のガイドブックを買い求めましたら、売っている人が著者本人で本にサインをしてくれました。三十歳位の趣味で石を集めているアマチュアでした。分厚い鉱物学入門書もアマチュアの人が書いています。写真は著者が自分で撮影しているし、鉱物標本の買い方まで案内してある楽しい本でした。

器具の会場へ足を運びますと、シンプルなものではハンマー（西欧鉱山業一千年の歴史の集約された逸品です）、大きなものでは自動カボション研磨《けんま》機、より精密なものでは各種の

メイン会場のコミュニティー・センターでの展示風景。

電子製品が多数出展されています。いくつものメーカーがそれぞれ工夫をこらしていて、アメリカ人の研究熱心な取り組み方には脱帽の態です。

コミュニティー・センターの会場の出品物をぜんぶ見るためには三日間でも足りないくらいですが、実は、ツーソン・ショーの中で、コミュニティー・センターは数ある会場の中の一つにすぎないのです。

ツーソンの地元の鉱物標本商とアマチュアが中心となってはじまったツーソン・ショーですが、今や石の趣味は世界の先進国（日本を除く）で国民的な趣味となってきたので、一会場ではとても足りなくなり、次々と別会場が付加していって、今年はコミュニティー・センター（これをメインショーといいます）以外に九つの会場がありました。

それらの会場は市内の各所にあるホテルとモーテルが使用されています。メインショーは入場券を買ってだれでも入場できますが（実際に子供や主婦が大勢入っている）、別会場の方は即売り、ないし業者向けの性格があって、業者登録をしてカードを持たないと入場できない所が多いようです。

石という点は共通でも、会場によって性格が異なり、屋外に珪化木《けいかぼく》を積み上げて、ひと山いくらとバナナの叩き売りなみのところがあるかと思うと、高級宝石が専門で、警備員とその腰のデカイ拳銃が目立つところもあるという具合です。

十の会場をすべて見ることは時間的、肉体的に不可能です。各自の守備範囲に応じた会場を選んで重点的に見ていけばよいのだと思います。

それでは、数ある会場のうちでも、もっともバラエティーに富み、かつ中庸《ちゅうよう》のレベルにあるホリデー・イン・モーテル（仮名）の会場をこれから見物して歩くことにいたしましょう。

玄関で登録をすませカードをもらってから右手の別館の方へ先に行ってみることにします。別館前の屋外にテーブルを出して、なにやら角ばった石を並べている人がいます。近寄って見ますと、これはクンツァイトの巨大な結晶で、ポンドいくらという売り方をしています。二〇センチ大のクンツァイトの結晶は標本用として興味がありましたが、あわてて買うのは良くないので、まずは横目で見ながら館内に入ることにします。

中央に廊下、左右に客室が並んでいます。どの室もたいていドアが開いていて、ベッドの上から、サイドテーブルの上から、なかには展示ケースも持ち込んで、部屋は石で一杯になっています。「ハロー」と声をかけて部屋に入りますと、売り手の方ももちろんあいそよく返事をしてくれます。見終わりますと「サンキュー」とか「カムバック」とか言って部屋を出ます。そして隣のルームに入って、また「ハロー」からはじめます。ホリデー・インでは百六十九の業者が出品しています。

「ハロー、サンキュー」を百回言うのは別にしても、全部の石を見てまわるのは容易ではありません。一個所一〇分かけるとすると、百六十九では二十八時間になりますから、ホリデー・インの一会場だけで数日かかることになります。

別館でとくに印象にのこったのはアフガニスタン産のピンク・トルマリンでした。天然のクリスタルそのままで、上部がピンク、下部が無色透明のバイカラーです。色彩美麗で結晶の美しいこと申し分ありません。多量の結晶の中から際立って美しく、カットするよりも結晶のままの方が値打ちがあるという品を選び出したものに相違ありません。誠に心にくいやり方で、この石をうまくデザインすればカット石も及ばない効果を生みだすと計算しているのでしょう。残念なことに、今の日本にはこの石の値打ちがわかって、それを活用し、またそれを求める人が、はたして居るかどうか、自信がなかったので、ついにこの石は見送ってしまいました。

本館の方へ移動することにして、中庭を横切ってみます。庭には緑の芝生とプールと売店があります。ライトビールを飲みながら、プールで遊ぶ人を眺めたり、濃緑の葉とオレンジの実とがあざやかなコントラストを示す南国的な情緒に眼を休めたりします。アリゾナ南部は半砂漠地帯でめっぽう乾燥していますから、水分の補給に気を付けないといけません。

中庭には露天の店が出て思い思いに石を並べて売っています。大型トレーラーを横付けして、その中の石を売っているのもあります。アーカンソーの水晶と書いてあります。トルコ石を沢山おいて目方で売っているところがありました。ぜんぶアリゾナの石で、加工、ナチュラルの表示があり、ナチュラルについては四つの産地別に分けてあります。アリゾナのトルコ石の産地のわかっているのは値打ちがありますから、これは産地別に一通り買うことにしました。

石の買い方のテクニックの一つを内緒でお教えしましょう。はじめての店へ行って、買いたい石があった場合、一個のみの場合は別ですが、その時にすぐに買わないで、一旦出るのです。そしてしばらく他を見回って、他店と比較したのち、またその店へ戻ります。

「ちゃんと戻ってきましたよ」

「うちが安いのがわかったでしょう」

「いや、値段は相場だが、おたくは分類がしっかりしている」

「でしょう。うちは専門ですから」

といったやりとりがあって、トルコ石を自分でハカリにのせるのですが、下見をしてあるので今は二回目、すでに顔なじみといったふんいきが出ます。すでに一杯となったハカリにさらに数個を加えても、売り手は眼をつむって「ＯＫ」という風になるのです。

総じてツーソンの人は、自分も石が好きで売っている、営業というよりは趣味で売っている人が多いので、向こうからもいろいろと話しかけてきますし、こちらが石についてはまんざら素人でないことを理解しますと、意気が通じて面白いものです。

ある会場では、水晶の非常に特殊な結晶で、水晶とは見えない品を、わざと水晶と明記せずに、買い手の顔色を見ながら楽しんでいる売り手がいました。筆者がそのナゾ掛けを解いてから、廊下で会うと彼の方からあいさつをするようになりました。

石の標本屋というと商人にすぎないと思われがちですが、アメリカでは単に営利のために石を売っている人はむしろ少なく、趣味と実益をかね、それぞれ勉強している人が多いので、なかなかバカにできません。

たとえばカリフォルニアのマックギネス標本店のマックギネス氏（故人）は、これまで鉱物学に多くの功績があり、最近発見された新鉱物はマックギネス石と命名されたくらいです。

大学教授も標本商もアマチュアも共通の石の仲間ということで、仲良くやっている様子は本当にうらやましいと思いました。

それでは本館の三階に上ってみましょう。化石の専門店がいくつかあります。マンモスの歯、恐竜の骨、古代の鳥の足跡、三葉虫やウミユリ、サメの歯、そういった珍品が一杯です。ジュエリーの世界の方には、虫や骨などは、気味の悪いものとして敬遠される向きもあるようですが、パイライト、アンモナイトやコーライトのようにジュエリー・デザインに珍重されている化石もあります。

そのとなりは時計の店です。砂岩《さがん》に酸化鉄の縞もようが入っているのですが、それが石

客室のベッドの上まで展示品があふれている。

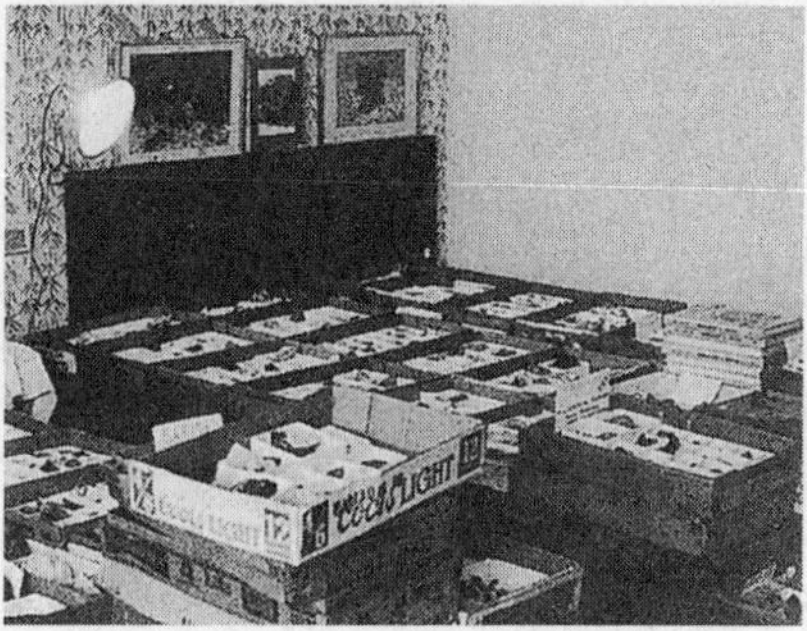

のとり方によっては山や砂漠に見えて、一幅の風景画に見立てることができるのです。この砂岩をうすく板状に切断して、この板に電池時計を取付け、石の山水《さんすい》時計の出来上りというわけです。

つぎはキュービック・ジルコニアの専門店です。赤、青、黄色とまさに色とりどりのキュービック・ジルコニアがトレーの上に山盛りになっています。きれいで安くて丈夫で、いうことがありません。そこには二一世紀の宝石の世界がなにやら暗示されているようです。しかし、宝石の未来について思索するには、天気もあまりに良すぎますし、まだ面白い店を何十も見なければなりませんので、今はその時ではありません。先へ進むことにいたしましょう。

エメラルドの専門店がありました。売り手はコロンビア人で、ムゾー鉱山の写真を展示して、産地直売のムードを模《も》しています。カットされた石が多数ガラス越しに見えましたが、ふと横を見ますと、白い大理石《だいりせき》、黒い炭質物《たんしつぶつ》のまじった典型的なムゾーの母岩《ぼがん》が数個置いてあって、透明なエメラルドの結晶がいくつも着生しているではありませんか。看板がわりに置いてあるのでしょう、値段もついていません。そこで、これはいくらか？　とたずねますと、これはA百ドル、こちらはB百ドルにしておく、という返事。今までに入荷したことのない良品と思われました。個数が少ないので、この場合は猶予がありません。値引きをさせて即座に買入れることにしました。

いくつかの鉱物標本店の部屋を見てから、ヒスイの専門店に入りました。掛軸をかけたりして東洋風のふんいきを出そうとしています。店員にも中国人らしい人がいます。アメリカには東洋人やアラブ、アフリカの民族の人々が大勢住んでいるのに、ツーソンに来る人は白人ばかりで、ついぞ有色人種を見掛けません。売り手の方には中国人も日本人もいましたが、買い手は白人ばかりなのです。面白い現象ですが、これはどのように解釈したらよろしいのでしょうか。

文化人類学的な考察（?）と意外に安価なヒスイ製品とが頭の中で交錯しつつ、その店を出て、見学散歩をつづけていきます。

「石の花」の店がありました。アメシスト、トルコ石、めのうなど各色の石から一～二センチ大の花や葉ができています。別に金属製の樹木があって、その枝に石の葉や花をぶらさげるのです。でき上がったものは見本として置いてありますが、ここではそれをキットにしたり、あるいは個々の製品として販売しているのです。新手の手芸の一つ、ということのようですが、石にもいろいろな使い方、楽しみ方があるものだと思って感心しました。

その数軒先にはレアー・ストーンの店がありました。宝石にするなど思いもよらない特殊な鉱物をカットして、それをコレクションするもので、宝石鑑別機関などは営業上も必要があるわけですが、アメリカでは、石のコレクションの一派として盛んに行われています。珍しい鉱物でカットできるような良質かつ大型のものは少ないのが当然で、レアー・ストーンはキャラット以下の小型石がほとんどです。アナテーズなどという鉱物は三ミリ以上の大きさのものがまず産出しないので、一ミリ、二ミリのカット石でも珍重されるのです。宝石のコレクションというと余程の財力がないとできないわけですが、レアー・ストーンは一個数千円で購入できるものが多いので、財布に余裕がなくとも、心にゆとりを持とうとする人々におすすめできると思います。

さて、ホリデー・インの部屋はまだまだ続くのですが、一日ですべて見ることは無理ですし、楽しみを後にのこして今日はこれで切上げることにしましょう。

世界中から人の集まるツーソン・ショーは国際的な社交の場でもあります。空港のレンタカーのデスクでは宝石学者グベリン氏の予約カードが筆者のカードのとなりに置いてありました。ヨーロッパ最大のミュンヘン・ショーの責任者カイルマン氏は今年のヨーロッパのプランについて教えてくれました。ベルギーのジェノー氏、ドイツのオットー氏らのおなじみの顔ぶれもそろいます。新しい友達もでき、古い知人とは旧交を暖めます。日本から団体で行きますと日本人同士がつねにかたまって、国際交流の機会が少なくなります。一人か二人で行くように筆者は心掛けています。

鉱物アマチュアの多い会場では、夜も九時、十時ごろまで部屋をあけています。数百ないし千マイルも車でやってきて、夜おそくまで働き、一体黒字なのだろうか、とよけいな心配もしがちですが、彼らはよく働き、陽気で屈託がありません。石一個の置き方、包装の仕方をみても充分な心配りがなされているのがわかります。私たちはまだ及ばない点が多いので、教えられ、反省させられるところが大です。

一個一個の石に充分な心配りをする余裕ができ、また石の趣味を通じて世の中を明るくするようなやり方ができる、そのような時代にするために、私たちはまだまだがんばらねばならないと思います。多くの方がツーソンやミュンヘンのショーへ参加していただいて、石の趣味の先進国のふんいきを体験されるように願って小稿を終えることにします。

コレクション

ミネラル・コレクションを鉱物蒐集《しゅうしゅう》と訳すと、間違いではないけれども、なにかせまく固苦しいふんいきに聞こえます。欧米での使い方をみますと鉱物、岩石、化石、宝石、隕《いん》石《せき》がふくまれています。方向や流儀も多様ですし、いろいろな楽しみ方があって、多くの人を惹きつけているのでしょう。

流儀のいかんにかかわらず、ミネラル・コレクションという以上、ミネラルを自分で持たなければ話がはじまりません。そこでここではその入手方法について書いてみることにいたします。

二つの方法があります。一つは先に書いたように買うことです。ミネラル・ショーやミネラル・ショップへ出向いて自分で選べればいちばんいいし、近くにそれらがない場合には、通信販売用のリストを発行している店がありますから、それを利用する手もあります。

第二の方法は自分で石の産地へ出掛けて、みずから採集することです。

二つの方法には一長一短があります。ですから、どちらか片方のみでなく、両方をうまく組み合わせていくことが、ミネラル・コレクションのコツです。

総勢九名のミネラル・コレクターのグループがアリゾナ州の首都フェニックスを出発して、東へ向かいました。米国人が五名、ドイツ人が三名、日本人が一名と顔ぶれは国際的ですし、女性一人、子供一人もふくまれていてなかなかにぎやかです。四台の車に分乗しているのですが、どういう訳かその内の三台が日本車、筆者はアメリカ車に乗込みましたが、これが直進性に疑問があるという中古レンタカーで運転に苦労しました。なんでも安い方がいいという典型的なドイツ人が借りてきたのです。

フェニックスの隣町のメッサで朝食をとりました。西部劇の舞台そのままという土地で、入ったレストランでもウェイトレスは腰に二丁拳銃といういでたちでした。

サボテンの荒野を走破すること数時間、ルート60のスペリオアという町の少し手前に第一の目的地がありました。道路際にかなり目立つ看板が立っていて、赤い矢印の上に、「アパッチ・ティアーズ」と書いてあります。アパッチはごぞんじアメリカ原住民の人々、ティアーズは涙とかしずくという意味です。

ダンプトラックが白い石を満載して出てきます。珪酸《けいさん》分に富んだ火山の溶岩でパーライト（真珠岩《しんじゅがん》）といいます。日本でもこの岩石は断熱材の原料として採掘されています。パーライトが露出している所に行ってみますと、地表に黒く丸い粒がたくさん落ちています。これが目的の「アパッチ・ティアーズ」でした。

この石はオブシジアン（黒曜石《こくようせき》）です。名のとおり外観は黒いのですが、手にとって光にすかしてみると、褐色《かっしょく》透明なことがわかります。カボション（丸い山形）に研磨《けんま》しますと、方向によって光の条があらわれます。灰白色のパーライトが玉ネギ状になっていて、その芯に黒い玉が入っているのです。涙というよりは眼玉という方がピッタリです。直径二センチくらいが多く、いくらでも取りほうだいです。（本稿は一九八三年の報告です。その後、この場所は有料の観光地になったり、また廃止されたりして、現在二〇〇六年の状況はわかりません）

ルート60をさらに東進します。グローブの町を通過し、頂上に雪のある山の見えるやや高原的な荒野にさしかかりますと、ペリドットという所を通過します。

玄武岩《げんぶがん》の溶岩の中に黄緑色のペリドットが入っている、ということです。道沿いにもそれらしい岩石が露出しています。

停車してペリドットのペリドットを記念に採集、と思ったのですが、「地元の人々とトラブルがおこりがちなのでここは通過します」という説明で、ついに本場のペリドットにはお目にかかれませんでした。

　ペリドットは採集できませんでしたが、その代わり、その先のブルーバード鉱山の近くの露頭《ろとう》でアズライト（藍銅鉱《らんどうこう》）をとることができました。結晶はありませんが、岩の割目にアズライトの層ができていて、それが緑のマラカイト（孔雀石《くじゃくいし》）と組み合わさって、色彩効果ばつぐんです。ドイツ人のS氏は美しい石がいくらでも出てくるので、ハンマーとタガネを一生けんめいにふるって、やや興奮気味です。

　ブルーバード鉱山のとなりはインスピレー

アパッチ・ティアーズの看板。

ション鉱山で、いずれも稼働中です。私たちの最終目的はモレンシー鉱山で、アリゾナ州のどん詰まり、となりのニューメキシコ州に近い山中にあります。山間の町クリフトンのモーテルで泊まることにします。

アリゾナの現役鉱山中、大規模で鉱物的にも面白いモレンシー鉱山を訪問しました。事務所で説明用スライドを見てから、ヘルメットをかぶり、作業車にのって、採掘現場へ向かいます。巨大なスタジアム型の露天掘りで、周囲をぐるりと鉄道が走っています。

見回しますと露天掘りの壁面のいたる所が緑色に着色しています。これは銅分が空気と水と反応して、マラカイトなどの緑色の二次鉱物を生じているためです。

パーライト中のアパッチ・ティアーズ。

日本に多い鉱脈型の銅山では鉱脈中に鉱石が集中していて、母岩《ぼがん》の岩石中にはないのですが、モレンシー鉱山では、ハッキリした鉱脈はみえず、全体にばくぜんと銅が分布しているように見えます。これは専門語でポーフィリー・カッパーと呼ばれる型の銅鉱床《どうこうしょう》なのです。ポーフィリー（斑岩《はんがん》）の貫入に伴ってできた鉱床で、規模が大きい特徴があり、世界の有力銅山にはこの型が多いのです。

鉱脈型の鉱山では、地下にトンネル（坑道）をうがつ掘り方をします。ポーフィリー・カッパーでは露天掘りといって、地表からはがしていって、鉱床全体をとってしまう掘り方をします。

鉱脈型の鉱山へ行きますと、ランプ付のヘルメットをかぶり、坑道を降りていかなくてはなりません。坑内は、ものすごく暑かったり、発破《はっぱ》の煙がもうもうとたちこめていたり、快適とはいえません。ランプの光の外は真っ暗ですから、石探しは容易ではありません。

モレンシー鉱山は、ぬけるような快晴の空の下にその全容を現しています。どこも明瞭、うす暗い個所は一つもありません。

円型スタジアム形に掘ってあり、観覧席風に段々になっている壁部を下から上へ移動していきます。下部では黄銅鉱《おうどうこう》と輝銅鉱《きどうこう》、中部では輝銅鉱とアズライトとマラカイト、上部ではキュープライト（赤銅鉱《せきどうこう》）、自然銅、アズライト、マラカイトという具合に鉱物がかわっていきます。

黄銅鉱が最初にできて、それ以外の鉱物は地下水などのため黄銅鉱が溶け、その銅分が濃縮してできたものと考えられています。ですから、より下部には黄銅鉱が残り、地表に近い上部にはその他の鉱物が分布しているわけです。

藍色《らんしょく》透明なアズライトの結晶が鉱石のすき間に生じています。赤いキュープライトの大塊《たいかい》がころがっています。所々には自然銅が入っています。マラカイトの球体がアズライトの結晶と組み合わさっています。それらがとりほうだいというのですから、全員がハッスルしました。

アズライト結晶付きの大塊をかかえこんで凱歌《がいか》の声をあげるドイツ人、キュープライトをダンボール一杯集めて笑いの止まらないアメリカ人。筆者は日本までの輸送を考えると採集量は手びかえざるをえません。宝の山を前にして「小さいつづら」の方を選択しました。そのつづらの中には、他の人がだれもとらなかった石、黒い微結晶の脈で、鉱山の技師も知らなかった石を入れておきました。帰国後、この石はオーロラ鉱というマンガンの鉱物で、まだ世界で二カ所しか産出が報告されていない珍しいものであることがわかりました。

今度はいちばん最近のミネラル・コレクティングのもようをご紹介しましょう。

栃木県那須高原の一角にある百村《もむら》という所から山道を数キロ入りますと「那須ローセキ鉱山」という鉱山があります。那須は火山地帯です。一帯は火山岩でできています。この場所では火山岩が熱水作用で変質して、白色でつるつるしたローセキにかわっています。ここのローセキはセリサイト、石英《せきえい》などからできていて、窯業《ようぎょう》用や化粧品用に利用されています。

ローセキ中にときおりまじってくる石にトルマリン、デュモルチェライト、ラズライトがあります。トルマリンは灰青色毛状《もうじょう》結晶の集合体ですぐ粉になるので、宝飾用には使えません。デュモルチェライトはローセキ中に青インクをおとしたようにしてあります。色はきれいですが、やわらかくてもろいローセキとまじっているため研磨はむずかしいようです。ラズライトは英語ではLazuriteとLuzuliteの両方になります。前者のラズライトはラピスラズリ(瑠璃《るり》)のことですし、アールではなくてエルの方のラズライトは天藍《てんらん》石《せき》ともいい、両方とも青いジェムストーンでカナ書きでは同じになってしまうので困ります。

先日、電話でランポウ石について問合せがあり、藍方石Hauyneと思っていましたら結局、藍宝石でした。昔サファイアに用いられた名前ですが、青い宝石という意味であいまいな言葉です。ジェム用語はもっと整理が必要だと思いますし、それが日本語となるとさらに混乱をまねいているように思います。

那須ローセキ鉱山のローセキ中に発見されているのは天藍石のラズライトの方です。天藍石は珍しい鉱物で、日本では茨城県日立鉱山で記録がありますが、同鉱山は閉山になってしまいましたし、現在とれるのはここだけです。今日もこのラズライトが目的で出掛けてきたのです。ただここのは最大一ミリくらいですから、とても利用できるというものではありません。

露天掘りの鉱山ですが、直径二〇メートルくらいの所を二名で採掘しています。もちろん鉄道なんかはなく、壁面に木のハシゴが置いてあるのが眼に入るくらいです。壁は急斜面でたえず転石《てんせき》があり、ヘルメットをつけますが危険な所です。

ローセキ中をくまなく探すのですがラズライトは一向にみつかりません。ローセキの塊《かたまり》を手にとって、なめまわすようにルーペで見ます。ふつうなら、それらしいものを発見してからルーペで見るのですが、ここのは微小すぎて肉眼（とくに老眼）では見えないおそれがあるのです。

根気で勝負すること数時間、午後に入ってついに第一号が見つかりました。ただルーペでもようやく見える微小ぶりで、特徴ある青色でそれらしいと判定する、という心細いラズライトです。

さらに数時間眼をこらします。白いローセキに直射日光が映えてまぶしく、眼もつかれはて、タバコの箱の青い切れ端が天藍石に見えて反射的に手をのばすていたらく。この産地を案内してくれた同行のK氏はついにあきらめて日光浴と午睡の方に転向しました。

こうして、新緑とツツジの映える五月の那須高原をわれわれはほとんど空手同然で引き揚げたのでした。

ところで、那須ローセキ鉱山でポケットに入れてきた石の小片を、家に帰ってから、割ってみますと、なんと内部にラズライトの粒が

栃木県那須の「那須ローセキ鉱山」。

す。

一〇個入っていました。小粒ながらルーペなしでもわかるさわやかで眼にやさしい青色で

風変わりな水晶も一個とってきたのですが、よく見ると「日本式双晶《そうしょう》」という特殊な結晶ではありませんか。この産地の日本式双晶は新発見だろうと思います。アパタイトの結晶もそしてブルーカイトも採集していました。

那須高原での採集は量こそ少量でしたが、その内容は濃いものであることがわかりました。

アメリカと日本との、最近に行った例を書いたのですが、非常に対照的な組み合わせになったと思います。いくらでもとりほうだいのアメリカ、一日一粒が容易でない日本、オーバーなコントラストですが、日米のちがいを本質的に象徴しています。

どちらが良いか？　それは沢山ある方が良いに決まっています。しかし「苦心して探し出すところに鉱物採集のだいご味がある」という採集通（？）の声もあることをつけ加えておきましょう。

ロシアの鉱物学者フェルスマンは、「鉱物採集とは注意力と観察力と頑強さを要求する一種独特の魅力あるスポーツである」と述べています。

筆者もこの見方に賛成です。健康法の一つの流行でやたらと走る人がいますが、あれはエネルギーと時間のムダ使いと思って、素直に走る気になれません。その点、ミネラル・コレクティングは運動になり、おみやげが得られ、地質学や鉱物学に寄与する機会もあるというスポーツなのです。年齢を問わずできるという点からも広くおすすめできると思います。

どのスポーツでもそうですが、必要な用具と守るべきルールとがあります。ミネラル・コレクティングではどうでしょうか？

用具の方は、ハンマー、タガネ、ルーペ、手袋、リュックが必需品です。ハンマーは鉱物用を使う必要があります。ふつうの店にないので、理科教材を扱う店にたのんで取り寄せてもらうようにします。柄《え》が頭の方から差込んであるので、いくらふりまわしても頭が抜けとぶことがありません。金物屋で売っているハンマーを使う場合には、頭が抜ける危険があるので充分注意をすることにしましょう。とくに木工用の金槌は使わないこと。なお新品のハンマーでかたい石を思い切り叩くことは、ハンマーの頭の角が折れてとぶ危険があります。角がやや丸味を帯びるまでならし使用が必要です。タガネは市販の平タガネ、丸タガネでいいのですが、長目で持つ所がゴムで巻いてある品が使い易いと思います。タガネを持つ手には手袋をつけるようにしましょう。

ルーペは十倍ていどで、レンズの大きいものが適当です。宝石用は視野がせまくて不向きですし、小物は落とし易いので、安い品で充分です。手袋は皮製の作業用が良いようです。リュックは鉱物用というのはありませんが、筆者は背面に鉄枠があって、石の角が背中に当たらない品を愛用しています。ヘルメットは持っていく方がいいと思います。

ルールとしては公認され文書化されているものはありません。ここでは次の数カ条をあげておきましょう。お弁当や空カンを放置するような行為は知的スポーツを行う人にふさわしくないことは言うまでもありません。

一、採集した石を他の場所へ捨てない……A地点の石をB地点へ捨て、それを別の人がB地点の石として採集することのないようにします。

一、必要以上に採集しない……石は二度とできませんし、あなただけの産地でもありません。必要最少限度に止めます。

一、採集品に責任を持つ……地球の一片を自分の責任でもってきたのですから、その責任をまっとうするよう心掛けたいものです。よく見、よく調べ、よく保管することです。そして新事実があれば公表することです。採集品を捨てたり、放置するようでは、あなたは知的スポーツを楽しむエリートから自然を破壊する無頼漢に堕落してしまいます。

一、天然記念物等で規制された場所へは立ち入らない。

——用具もそろえたし、ルールも努力してみるが、どこへ行けば面白い石がとれるだろうか——これはむずかしい問題です。

『鉱物採集の旅』という本が地方別に刊行されていますから、このような本を買うのも良いでしょう。ただ産地は時とともに変化しますから、必ず書いてあるものがとれるとはかぎりません。

——採集に行ってきた。なにか面白そうな石がとれた。けれども名前がわからない。どうしたらよいのか——これはもっとむずかしい問題です。

貝とかチョウとかコインを調べるには図鑑が役立ちます。ところが残念なことに、鉱物の名前を調べるのに図鑑はあまり役に立ちません。どうしてでしょうか？

貝殻を砕いてカケラにしたものを図鑑で調べて名付けることはできません。種《しゅ》に特徴的な形が失われているためです。ミネラルで貝の形に相当するのは結晶の形です。もっともポピュラーな鉱物は石英《せきえい》（クォーツ）ですが、六角の結晶をして水晶というニックネームで呼ばれるものはほんのわずかです。九九・九％以上の石英は結晶のない塊状《かいじょう》のものです。色だってあてにはなりません。無色、白、ピンク、紫、スモーキーの各色の石英があるのですから。

ビギナーはどうすればよいのか、やはり経験ある人に教えてもらうのがいちばんです。欧米ですと、博物館が充実していて、うらやましいのですが、日本はまだお寒い現状です。欧米の自然史博物館では鉱物担当の学芸員は欠かせませんが、日本では、いないのがふつうです。先進国中、日本だけがミネラルの趣味が普及していないのは、この辺にも原因があると思います。

しかしここで愚痴を言ってもあまり得るところがありません。

ビギナーにとって必要なことはポピュラーな鉱物のサンプルを三〇種くらいまず入手することです。自分で採集しても、買ってもかまいませんが、まちがいのないサンプルでその鉱物の特徴をよくあらわしているものを入手します。そしてそれを手にとり時間をかけて観察することです。

「言葉ではあらわせない微細な特徴の中に地球科学の偉大な法則がかくされているのです」。A・E・フェルスマン。

産地の実情（日本の採集地）

関東平野の東にそびえる名峰筑波山《つくばさん》の山波は北につづいており、その中に加波山《かばさん》という山があります。筑波山とちがって土地の人しか名前を知らないただの山ですが、それでも加波山で特筆すべきことが二つあります。

一つは明治時代に当時の自由党（今の自民党の前身）の壮士たちが爆烈弾をもって山にたてこもり、時の政府に反抗した出来事で、加波山事件として世に知られています。

加波山でもう一つ挙げておくことは、この山麓および付近の山に花崗岩《かこうがん》の石切場がたくさんあることです。

加波山の下から少し南へ寄ったところに真壁《まかべ》という古い町があって、採石業の中心地となっています。この地方の花崗岩は真壁石と呼ばれています。真壁石はやや細粒の花崗岩で、石燈籠のような細工物に好適だとされています。なかでも豆腐製造用の石臼《いしうす》は真壁みかげに限るという評判で、関東地方のお豆腐屋さんはみな真壁の石で豆をひいていたものでした。現在は石臼でひいて作ったお豆腐を食べることはむずかしいようです。花崗岩のミネラルが加味されて健康上も有意義だったのに残念なことです。

真壁町の東山麓に山ノ尾という所がありますが、そこの山の中に水晶や雲母《うんも》や長石《ちようせき》などのかわった石が出ることが古くから知られていました。昭和のはじめから昭和二十年代までそこで長珪石《ちようけいせき》の採掘が行われました。長珪石というのは長石と石英《せきえい》のことで、陶器とガラスの原料になるのです。この長珪石の掘場《ほりば》からは種々の美しい石が産出しました。

とくに有名なのはガーネット（ざくろ石）です。赤褐色《せきかつしよく》ないし濃赤色で、たいていは細かい鱗片状《りんぺんじよう》の白雲母の中に入っていて、雲母からとりだすとコロッとした丸い結晶体になっています。結晶の一つの面はゆがんだ四辺形で、同じ形の面が二十四あつまって一個の結晶をつくっています。等軸晶系《とうじくしようけい》の二十四面体の結晶です。きれいで魅力のある石ですが、土地の人は二十六方石と言っています。面の数が多いので勘定をまちがえたのかもしれませんが、水晶のことを六方石といいますから、それに四捨五入した二十をくっつけた言葉の遊びとも考えられます。ともかく日本産のガーネットとしては第一位にランクされる美晶です。

ベリルは淡緑色の六角柱状の結晶となって石英の中に入っています。ふつうは濁っていますが、まれに完全透明な石があります。かつてここのベリルを研磨《けんま》して宝石にした人がいました。日本産のベリルでカット用としては山ノ尾がいちばんだということです。ガーネットは研磨できるものもまれにありますが、きれいな結晶をそのまま利用して、アクセサリーにする方が面白いでしょう。

煙《けむり》水晶や長石や雲母も立派な標本がとれたのです。また長石や石英の中に数ミリ大の黒い結晶が入っていることがあります。これはコルンブ石《せき》という珍しい鉱物で弱い放射能をもっています。

茨城県真壁町山ノ尾は鉱物の産地としてすっかり有名になりました。とくにガーネット、ベリルのような宝石鉱物の産地としては日本有数ということになったのです。ところが、長珪石の採掘は昭和三十年以降は中止されてしまいました。

こうなると新しい石は出ませんから、捨石場（ズリ）の中から昔出た石を拾うことになります。昭和三十年代にはまだ良い標本が採集できました。しかし新たな供給はないのですから、めぼしいものは減る一方で、今ではかつての捨石場も樹木が茂って林のようになり、有名鉱物採集地としての魅力はすっかり低下してしまいました。

しかし代わりの良い山地はなく、二十四面体のガーネットをめざして山ノ尾を訪れる人は今でも決して少なくありません。

関東鉄道の真壁駅を降り（現在は廃止され、土浦よりバスの便がある）、駅前を左へ曲がりさらにつき当たりを左へ折れ、踏切をこえ、花崗岩の加工所の間を山側へ進みますと、二車線の道路に出ますから、それを山の方へ登っていきます。二十分位歩くと傳正寺というお寺の方へ行く道が左へ分岐します。その五十メートルほど先に斜めに左へ登る山道があります。石材用トラックの通行のために道はコンクリートで固められています。この道を登りますと十分くらいで中腹の小さい平地へ出ます。ここから先は急斜面の山道になります。

道の両側に採石所があります。ここからも水晶、長石、ガーネットなどが見つかることがあります。ただ採石所は危険な所ですからケガをしないよう充分に気を付けましょう。花崗岩の中に白い脈が入っていることがあり、それは石英と長石とでできているのですが、ガーネット、ベリルも入っていることがあります。

山道をさらに登っていきますと、途中で道の分かれるところがありますが、最近ではそこに「ざくろ石産地」と書いた表示が出ているようです。その矢印にしたがって真っすぐ登っていきますと、しばらくして道が右へ折れてその行き止まりに洞窟があります。これが長珪石を掘った坑道の跡です。この坑道の右側を五十メートルくらい登りますと、第二の坑道の跡へ出ます。第一の坑道に入るとその壁面は石英と長石と白雲母からできています。

以前はこの壁面を削ってガーネットの一センチ以上の結晶をとることもできたし、洞窟の奥の砂の中から分離したガーネットを拾うこともできました。しかし今では取り尽くされてガーネットを拾うことはむずかしくなりました。洞窟の外には昔のズリの層があります。これが雨や風のためにくずれることがあります。

今ではそういう個所が採集の穴場です。とはいえ長年大勢の人が採ったあとですから、よほどチャンスに恵まれないと良いものを見

白雲母。茨城県山ノ尾産。

つけることはできません。まあ、あまり欲張らないで、何気なく立派なガーネットを拾うのは案外ベテランではなく初心者かもしれません。(現在二〇〇六年では、地主により立入禁止になっている。採集マナーを守らない人々が土地を荒らしたためである。)

ところで山梨の名産はぶどうと水晶ということになっていますが、山梨の水晶は今(一九八三年)ではどうなっているのか、その実像を調査してみることにしました。

甲府の北方にある山梨有数の観光地御岳昇仙峡《みたけしょうせんきょう》へ行ってみることにします。観光地とみやげ物は切っても切れないものらしく、昇仙峡でも道の左右にみやげ物がたくさん並んでいます。ここで眼に付くのはどの店にも水晶が置いてあることです。みやげ物を見に茶店に入ってみましょう。

「いらっしゃい、おみやげはいかがですか。あ、その水晶はいいですよ」

大小さまざまな水晶が並べてあります。いちばん多いのがアメシストの群晶《ぐんしょう》で、やや曲がった玉髄《ぎょくずい》の上に密生しています。アメシストとしてはいちばんありふれていて昇仙峡へ出向かなくともどこでも売っている言わずと知れたブラジルとウルグアイの国境近くでとれたものなのです。

「この水晶はどこでとれたのかね」

「山梨のですよ」

「山梨のどこですか」

「この裏の山でとれたんですよ。うちはほかより安いですよ。どうですかおひとつ」

独白「アキレタ、地球の裏側でとれたのに」

昇仙峡の裏山のまたずっと裏、やはり水晶の採れる黒平《くろべら》という部落を過ぎ、もう長野県に近い所に水晶峠があります。山越しの信州と甲州を結ぶ登山道の道順にあるので、シーズンにはけっこう人が通ります。

筆者が十五年程前（一九七〇年前後）に行ったときには、まだ地元の人たちによって水晶が採掘されていました。露出している岩石の中に白い石英脈が走っていて、その脈を追って掘っていくと、脈がふくれてすき間のできている個所があり、その壁には水晶がたくさん生えています。こういうのをカマといい、水晶が母岩《ぼがん》に群生しているものをトッコとその人々は呼んでいます。

さく岩機など機械は一切使わず、まったくの手掘りで掘っていました。甲府の水源地に当たるという理由でダイナマイトの使用は禁止されていたのです。

水晶峠の水晶は先細りに尖っていて、中には緑色のインクルージョンが入っています。

土地の人は草入水晶《くさいり》といっています。植物が水晶に入るわけはないのですが、たしかに草が入っているように見えます。草の正体は輝石《きせき》と角閃石《かくせんせき》ですが、どのような種類なのかまだよく調べられていません。結晶の下半分に草が入って、上部が無色透明、このような水晶が水晶峠ではふつうです。ここから東へ二キロほどのところにも、バッタリという水晶産地があり、似たような草入水晶がかつて採掘されていました。

採掘した水晶は昇仙峡の茶店へ売るわけなのですが、母岩が付いて手ごろな置物になる品はたくさんはとれません。多くの水晶はとるときにバラバラになってしまいます。これはセメントに埋め込んで商品にします。黄鉄鉱《おうてっこう》や雲母の粉をオマケにふりかけたりもしました。埋め込みのものは安く、本当のトッコは高く売っていました。

今は水晶峠に行っても水晶掘りの姿は見られません。現場は草木が茂ってわからなくなっているかも知れません。昇仙峡がブラジルの水晶に制圧されてしまったため、地元の人の水晶掘りのささやかなアルバイトもすでに成り立たなくなってから久しいのです。

ブラジル産（一部はアメリカ産、マダガスカル産も）は商品としては地元の水晶より数段上です。自分でとった水晶を直接茶店へ卸したのでは中間に業者の入る余地がありませんが、輸入品ですと、輸入商、銀行、問屋がそれぞれ商売になります。こうして、地元の水晶は駆逐されたのです。これもひとつの経済法則かも知れませんが、ブラジルの水晶をそうと知りながら裏山で採れたといって売りつけるという、これはどう考えても正しい商売ではありません。

スイスのアルプス地方は古くからの水晶産地でみやげものとして水晶を売っています。そこでブラジルの水晶をスイス産といって売ることはやっていません。


黒平から水晶峠へ行く道の中程を東へ入ったところに乙女《おとめ》鉱山があります。塩山《えんざん》の方から入って行くルートが本道ですが、昔は黒平からも道がありました。

乙女鉱山はガラスの原料となる石英を掘っていました。石英の結晶が水晶なのですから、水晶もたくさん出ます。ここの水晶は草は入っていません。無色透明ないし半透明で、形も水晶峠のように細長くはなく、ずんぐりしたやや大型のものが多いのです。一個で置物クラスの大型水晶もありますが、こういうのは白濁していて透明でない傾向があります。

水晶峠は草入で有名ですが、乙女鉱山は日本式双晶《そうしょう》をした水晶が出るので世界的に知られています。双晶というのは、二個の結晶が規則正しく接合して成長したもので、水晶の双晶にはいくつかの形式があります。このうち二個がほぼ九〇度で交差して組み合わさって板状になっているものが日本式双晶です。昔の人はこれを平板式夫婦《ひらばんしきめおと》水晶といっていました。結晶学的な本質を突いたうまい表現だと思います。平板であることを利用して、これからメガネのレンズをつくっていました。そのくらい沢山出たのです。明治時代にそのことが世界の鉱物学界に知られるようになり、日本式双晶という国際的な名前が付けられたのです。

以前にはこの日本式双晶が昇仙峡の茶店に並んでいたこともありました。今では乙女鉱山でもこの双晶はほとんど産出しなくなってしまいました。鉱山を休止することが再々で現在では採掘は行われていません。

乙女鉱山はかなり人里はなれた山奥にあるので、道順を書くことはできませんが、地形図にも表示されていますので、行けると思います。坑道はすでに崩れ、埋もれてしまっています。

水晶のほかに鉄重石《てつじゆうせき》というタングステンの鉱石と輝水鉛鉱《きすいえんこう》というモリブデンの鉱石も産出します。鉄重石は黒く非常に重たい塊《かたまり》です。輝水鉛鉱の方は鉛色に光っていて、やわらかくて曲げることもでき、手にあとがつきます。水晶の表面にゴマ粒より小さなものがついていて、キラキラ光ることがあります。ルーペでよくみると四角い結晶で、濃青色半透明であることがわかります。これは鋭錐石《えいすいせき》といって、チタンと酸素からなる鉱物です。その他に黄鉄鉱《おうてつこう》、黄銅鉱《おうどうこう》もみつかるでしょう。

全国に鉱山は数多いのですが、乙女鉱山くらいきれいな名前をもつ鉱山は他にはないでしょう。乙女鉱山の名前は一度聞いたら忘れられません。ではその名前の由来をさぐってみましょう。

明治時代にはここの重石《じゅうせき》やモリブデン鉱が本格的に採取されていました。当時は地名から倉沢《くらさわ》鉱山といっていました。塩山ではなく黒平から甲府へ出るのが本道でした。鉱山は谷底にあるので、鉱石を上の道まで持ち上げねばなりません。すべて人力でやっていました。鉱石運びは地元の女性たちの仕事でした。重石という名のとおり、最高に重い石をかついで上り下りするのですから、その労働は大変なものでした。必死の作業でなりふりはかまっていられません。道は前の人の足が見える急坂です。明治の女性は現在のような下着はつけておりませんでした。

その後だれいうとなく、乙女鉱山という呼名がおこったということです。

中央線塩山駅の北三キロの所に竹森《たけもり》というところがあります。その東側の山の中腹に昔水晶を掘った跡があります。ここは山梨の水晶産地中いちばん人里に近い産地で、東京から楽に日帰りで行くことができます。歴史上もいちばん古い産地のようで江戸時代の文献に記録があります。水晶を神体とした玉宮神社があり、かつては玉宮《たまみや》村竹森といったのですが、今は塩山市になり、由緒のある玉宮の地名は廃れてしまいました。

ここの水晶にも草が入っています。褐色《かっしょく》で針状をしています。土地の人はススキ入り水晶といっています。ススキの正体はトルマリンです。外観はブラジルのルチル入り水晶に似たところがあります。ブラジルのは金髪が入っているように見えますが、日本の水晶にはやはり黒髪が入っていなくてはなりません。

トルマリンの他に雲母、緑泥石《りょくでいせき》、いおう、鋭錐石といった種々の鉱物が入っていて、インクルージョンの面白い点では竹森の水晶は日本一ということになっています。

水晶の採掘は戦後は行われていませんから、今では昔の坑道の跡もわからなくなっています。山の斜面のかなり広い面積に水晶が散在しています。小さい水晶なら沢山拾うことができます。細かい水晶は値打ちがないようですが、細かい方が美しく、インクルージョンも良く見えて楽しいのです。場所は村の裏山で低い所ですから子供でも行くことができます。危険な場所もありません。

山梨の水晶の産地は他にもたくさんあります。黒平付近には煙水晶、ベリル、トルマリン、長石の出るところもあり、小尾《おび》、八幡《はちまん》の方にも水晶の産地があります。また長野県川上村に入ると川端下《かわはけ》の水晶山があります。

これらの産地の水晶はそれぞれ特徴があって、どこから出たものかを見分けることができます。それぞれに特有の魅力があります。

昇仙峡の茶店で、水晶峠、乙女鉱山、竹森という風に産地を分けて、とりどりの水晶が売られるようになったらどんなにか楽しいでしょう。もちろんブラジルの水晶も売ってよいのです。そのことを明示してさえあれば。ブラジルのアメシストの方が一般的には立派に見えますから、お客の多数の人はブラジルの水晶を買うでしょう。ですからお店のあきないにも大きな変化はありませんし、商社も打撃をうけることはないでしょう。

山梨県はミレーの絵画に巨費を投じて、文化の向上を願っているということですから、こうしたささやかな文化の向上もいずれわかってくれることと思います。(現在、竹森も山ノ尾と同様の理由で地主により採集禁止となっている)

中央線中津川駅から北へ以前は北恵那《えな》鉄道という私鉄が走っていましたが、今はありません。その沿線に苗木《なえぎ》という町があります。明治以降この付近から錫鉱《すずこう》、砂金、トパーズなどが採取されて、岐阜県苗木地方は、わが国の鉱物産地のNo.1にあげられました。今では鉱物を掘っているところはひとつもなく昔の面影はありませんが、それでもまだトパーズを発見する可能性はあります。

国道二五七号線を北へ進むと関戸《せきど》という所があり付知川《つけちがわ》の支流関戸川《せきどがわ》が分岐しています。この関戸川の砂をふるいますとトパーズ、煙水晶、ベリル、錫石《すずいし》などが採集できます。ここのトパーズは無色透明のものが多く、ときにうすい空色や酒黄色《しゆおうしよく》のものもあります。

　無キズで大型のトパーズは見つからないかもしれませんが、キズがあっても自分でとった宝石をつくることは意味があると思います。

　中津川の南に恵那市があります。ここから北へ入ると蛭川《ひるかわ》村（中津川市に併合された）になります。ここの和田川に沿って、花崗岩の採掘場がいくつもあります。

　花崗岩の中にときおり大小の空所があって、その中に水晶、長石、雲母、トパーズなどが付いているのです。ほたる石、ジルコン、ベリル、トルマリン、ゼオライトなどもまれに見つかります。

　採石所には、大小の花崗岩がごろごろしています。その中にも水晶の付いた石を探すこ

煙水晶と正長石と曹長石。岐阜県蛭川村産。

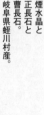

とができます。採石所は仕事をしていますのでかならず現場の人に断わってから石をとるようにします。ちゃんと形の出来た石材をこわすことのないようにします。

ここでも近ごろはトパーズは出なくなってきています。一方、採集のため訪問する人は増える一方です。なかにはマナーの悪い人がいて、作業用の道具を持っていってしまったりで、鉱物採集家たちの地元での評判は良くありません。最近では立入禁止の看板を立てた石切場《いしきりば》も現れました。(国産の花崗岩が割高になり、二〇〇六年現在、すでに採石は行われていない。)

水晶やトパーズなどをとっておいて希望者にゆずってくれる作業員もあります。これはありがたいことではあるのですが、近ごろは素人の人が法外な値段で買うため、産地直売の値段は東京の標本店で売っている値段よりもかなり高目になっています。

以上いくつかの鉱物産地を紹介してきましたが、一つの共通点があります。それはどの産地も花崗岩に縁があるということです。このような産状《さんじょう》をペグマタイト鉱床《こうしょう》といいます。世界の宝石産地のうちブラジルのミナス・ジェライスをはじめこの型の産状は非常に多いのです。

ひとつひとつの石の思い出

「ひとつの石の話」という題の一章を、以前に読んだことがあります。それは、古代インドの仏像の頭にはめこんであったというダイヤモンドの話で、「シャー」という名前で今日まで知られているこの有名ダイヤモンドの血にまみれた歴史が紹介されていました。

ここに書く「ひとつの石の話」は、もちろんそんな恐ろしい話でも、歴史的な内容でもなく、一般の人にはごくつまらないひとつの石の話です。

今の大阪大学の前身、大阪工業高専で冶金《やきん》学の教授をしておられた清水要蔵氏は、当時としては珍しい鉱物コレクターのひとりとして、知る人ぞ知るという存在であったということです。冶金学は採鉱冶金とも呼ばれ、鉱物とは関係の深い分野です。鉱物コレクションをするには絶好の立場ということでもあり、標本の数も増していったことと思われます。

個人コレクションの最大の問題は、所有者の死後の扱いにあります。書画《しょが》骨董《こっとう》と違い、一般の人にはつけもの石の類なのか、それとも宝石の原石でも混じっているのか、見当もつきません。売ることも捨てることもできずに困ってしまう、そのうち次第に散逸して、ついにはコレクションは消失してしまう、という残念な道をたどる場合がいちばん多いのです。

清水教授の没後、清水コレクションはしばらく所有者不在となっていたのですが、昭和三十年ごろ、同教授の愛弟子のひとりであった戸波春雄氏がそれを買い入れて引き取ることになりました。戸波氏は実業家の二代目として生まれ、アグネ出版社を興すなど文化事業の方面で才能をあらわした方で、鉱物コレクターではありませんでしたが、清水コレクションの値打ちは理解しておられました。また、師の遺族への経済的な支援を考えたことはもちろんであったでしょう。

こうして、清水コレクションは大阪より関東の鎌倉（戸波氏の自宅）へ移動しました。

筆者が清水コレクションと縁がつながったのは昭和五十年のことでした。

静岡県富士宮市にある奇石博物館の初代館長であった植木十一氏より連絡があり、知人の戸波春雄氏が所蔵の鉱物コレクションを譲り渡したい希望があり、ついては貴方を推薦しておいたので同氏に連絡を取ってほしい、ということでした。

さっそく渋谷のアグネ社を訪問してみますと、清水コレクションは五百点余りで、きちんと保存され、清水氏のラベルはほぼ全点につけられていました。内容はやや雑多でしたが、清水教授の専門柄やはり鉱石コレクションの傾向でありました。特に注目を引くものが一点、それは愛媛県市ノ川鉱山の輝安鉱《きあんこう》の巨晶でした。

長さ四十センチに及ぶこの銀色の結晶は、世界中の博物館が目玉品としているかの有名な市之川《いちのかわ》鉱山の輝安鉱の今日では得がたい巨晶であり、これ一個で他の標本全部の値打ち、またはそれ以上に匹敵するものでした。

こうして清水コレクションは植木十一氏の斡旋により、筆者が引き取ることとなり、鎌倉から東京の練馬へ引越すことになったのです。

筆者の手で一個一個が改められ、名称や産地が正しいかどうかチェックされました。かなり雑多な印象を受けたことを書きましたが、たとえば「大阪城の石垣」というラベルのついた一石があります。これは十センチ大の花崗岩《かこうがん》の一片で、表面が黒くこげています。筆者はまだ大阪城の石垣を検分したことがないけれども、大阪の人である清水氏がつけたラベルであるので、大阪城の石垣の石片には間違いないのでしょう。黒くこげているのは先の大戦時、空襲により焼けた痕か、まさか大阪夏の陣のときの硝煙ではないでしょう。とにかくこの「大阪城の石垣」は処分に困り、今だに希望者もなく、家のどこかに転がっている次第です。

ラベルのついていない石もいくつかありましたが、その内の一個は、明らかに静岡県下田市河津《かわづ》鉱山のテルル鉱でした。白色陶器質の石英《せきえい》の中に、黒色の自然テルルの入ったリッチな標本です。ところどころにすき間があって、細かな水晶が密生しています。ところが、このすき間の中の水晶の上に、黒い小さな結晶が数個ついているのに気がつきました。六角柱状で長さは二ミリくらい。光沢が強く、輝いています。このような鉱物は、河津鉱山でもどこでも見たことがありません。非常に珍しい鉱物に違いないということで、鋭意研究をしようということになりましたが、なにしろ二ミリの結晶が数個ついているだけですから、量が足りません。分析はできたが鉱物が根絶してしまった、というのでは困ります。

テルルと鉄を成分とする鉱物であるということはわかったのですが、量不足のため研究は行き止まってしまいました。中断後、一年くらいたったとき、まったく偶然に同じ鉱物の標本第二号が手に入りました。これで標本を残す目処がついたので、定量化学分析やエックス線分析を行いました。その結果、この鉱物は世界で今まで報告されていない新種であることが判明しました。

鉱物の種類は約四千種ありますが、その種類を増したり減少させたりすることは、「国際鉱物学連合新鉱物委員会」に申請して、その承認を受けなければならないことが定められています。

この伊豆の鉱物も、新種として国際委員会の承認を受けなければなりません。必要なデータをそろえて申請することになります。どういう名前をつけるかは申請者にまかされていますが、不文律として申請者の名前をつけることはありません。産地の地名や他の人名を用いるのが普通です。

結局この新しい鉱物は、この産地の鉱物を

欽一石。
中央の黒い結晶がそれである。
まわりは水晶。

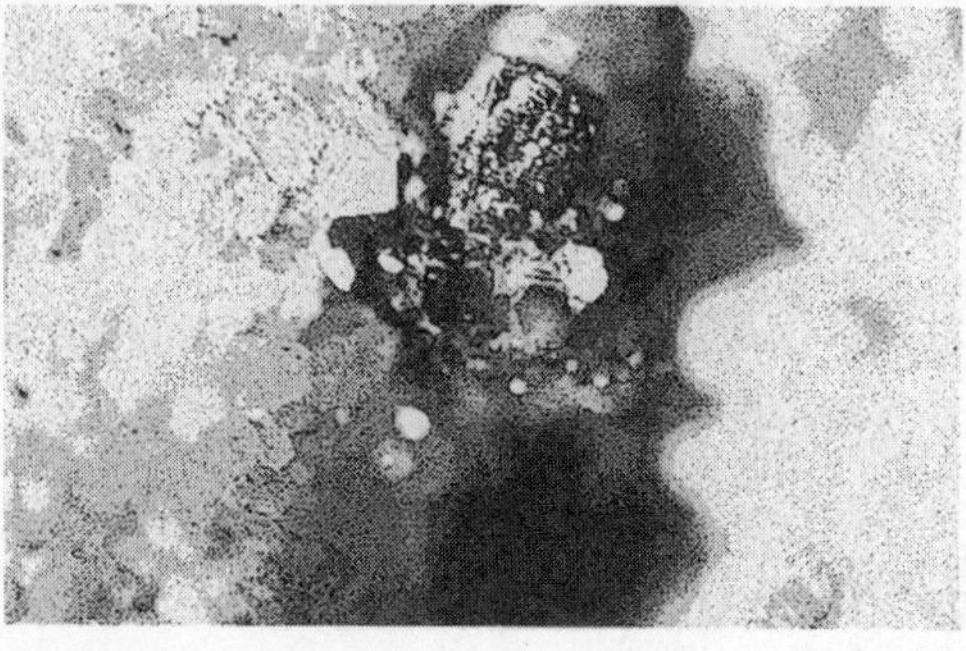

いちばんよく調査されていた櫻井欽一博士の名前にちなんで、欽一石《きんいちいし》 Kinichilite と命名されました。

清水コレクションがきちんと保存され、またその取り扱いが適正であったため、新しい鉱物が誕生することになりました。清水要蔵氏と戸波春雄氏の二代のオーナー、また紹介者の植木十一氏も、今ではすでに故人となられました。

標本の値打ちを信じて保存に努められた戸波氏、筆者をみこんで処分をまかせられた植木氏、このおふたりにはついにその生前には新鉱物誕生のご報告をすることができませんでした。これはまことに残念ですが、どうにも仕方がありません。

さて、筆者が高校生のときに入手した忘れがたい石があるので、その時代の思い出からはじめます。

高校の修学旅行が京都・奈良方面に計画されました。数名の旅行委員が生徒より選ばれて、列車の選定、日程、旅館の手配など一切を主体的に検討し、決まったプランを当時の日本交通公社に申し入れて修学旅行が実現しました。筆者も委員のひとりでしたが、連日のように交通公社におしかけて細かい注文を出すので、「君はひとつ卒業したら公社に来てくれないか」と言われたこともありました。

修学旅行の一行は東京駅から夜行急行列車に乗りこんだのですが、そのなかには旅行プランを計画した当の筆者は入っていませんでした。

実は二日早く出かけて、岐阜県中津川市苗木《なえぎ》町に鉱物採集に行き、その後中央線で名古屋へ向かい、ちょうど東京からのその列車が名古屋駅に到着するのを待って乗りこんだのです。皆は寝ていて気付きません。

そんな強引なやり方をしてまで、その苗木という産地に行ってみたかったのです。鉱物採集者にとってペグマタイトほど面白い産地はないということは、世界中で一致しています。花崗岩の中に空洞があって、その中に水晶、長石《ちょうせき》、雲母《うんも》、トパーズ、ベリル、ジルコンなどの鉱物が生えているのです。みな美しく結晶をしており、それを発見して採集することは宝の山で宝物を見いだす気持ちがして、鉱物採集のだいご味はここにきわまるというわけです。

日本三大ペグマタイト産地ということが昔いわれていて、その筆頭がこの苗木地方で、滋賀県田上山《たなかみやま》、福島県石川地方がそれにつづいています。苗木地方は明治・大正時代に錫石《すずいし》の採取が行われ、その他、水晶、トパーズ、雲母、アクアマリン、トルマリン、ジルコン、フェルグソナイト、砂金、サファイア、ほたる石、正長石《せいちょうせき》、曹長石《そうちょうせき》などを産出しました。

修学旅行にかこつけて、夢にまでみていた苗木町へようやく到着した筆者は、まず小川峯太郎氏をたずねました。小川氏は苗木地方の鉱物採集案内人でした。今ではこのような職業の人は日本にひとりもいなくなりましたが、以前は苗木、石川といった最有名産地には、採集に来た人を産地に案内し、また自分が集めておいた鉱物を売って、生計を立てていた人があったのです。小川峯太郎氏は、二代目か三代目の案内人で、苗木地方のことは自分の庭同様に知りつくしていたのです。

当時小川氏は六十歳代でしたが、その足どりは高校生に負けず、ベリルの見つかるペグマタイト、自然蒼鉛《そうえん》のある石英のズリ、トパーズの拾える山の三カ所を一日で案内してくれました。その時に採集したトパーズは今でもとってあります。

トパーズの山はそれ以降行ったことはありませんが、今ではそこに行ってトパーズをとったという人の話を聞かないのです。多数のトパーズを含む脈が山腹を走っていたのですから、年がたってもまったく無くなるとはどうしても考えられません。おそらく、当時は露出していた脈の所に草木が茂って、場所をかくしてしまったのではないでしょうか。

苗木地方の薬研山《やげんやま》という山にあるサファイアの産地も不思議です。日本で唯一の美しい青色コランダムの産地として有名だったのですが、これも今では産出地点が不明になってしまいました。十年ほど前に筆者が行った時は、転石《てんせき》の中からサファイアを発見することができましたが、その後行ったほとんどの人は、知るかぎりでは収穫ゼロで帰ってきています。

秋晴れの一日、念願の苗木地方の採集を実現させて、それなりの獲物に満足した高校生はその夜、小川峯太郎氏の自宅をたずねました。鉱物を見せてもらい、それをゆずりうけたのです。

その時の石の中で、今でも大切に保存してあるのがねじれた煙水晶《けむりずいしょう》です。

植物のつるの巻き方や、貝の巻き方のように動植物の世界では右と左の区別のあるものがたくさんあります。しかし、鉱物界では左右の区別のあるものは少なくて水晶くらいです。原子の配置の仕方に左右の区別があるために水晶では左水晶と右水晶ができるので、どちらでもない水晶というのはありません。ただ、普通の水晶の場合は、肉眼ではそれが左水晶なのか右水晶なのか見分けることはできません。

ところが、原子の配置が何かの具合でずれてしまって、ねじれた水晶ができることがあります。これだと左右はすぐわかります。自然のイタズラとでも申せましょう。しかし、ハッキリとわかるねじれ水晶はめったには産出しません。

水晶の本場スイスでも、ねじれ水晶が知られています。こちらのは板状の煙水晶がねじれた形となっているもので、ツイスト水晶と呼ばれ、珍品水晶として向こうでも高く評価されています。

ねじれ水晶は自然の珍品で、煙水晶にしかないらしいのも不思議です。

前にも書きましたように、ねじれていなくても水晶はみな左水晶と右水晶とに分かれています。ただ、左水晶と右水晶が合体して一個になった双晶《そうしょう》では、左右の区別がなくなります。肉眼上水晶の左右を見分けるとすれば、ねじれている場合のほかは、柱面《ちゅうめん》と錐面《すいめん》の間にときに現れる三角形の小面によって行うことができます。

数年前に苗木地方の採石場で、ひとつの晶《しょう》洞《どう》から約二百個の小型水晶を採集したことが

ねじれ煙水晶。
岐阜県苗木町産。

ありました。この煙水晶は全点に三角の小面が出ていて、左右の区別がつく水晶ばかりでした。

常識的に自然界では左右のバランスはとれていると考えられています。水晶の場合はどうでしょうか。全体としてはバランスがとれていても、ひとつの晶洞では右か左の傾向があるのでしょうか。こうした疑問があり、絶好の機会だったので、ひとつの晶洞から出た二百個の水晶について左右を統計してみることにしました。

十数個、二十数個、三十数個と勘定していきますと、はじめのうちは左右のかたよりがあらわれました。しかし、左と右がそれぞれ百個を越して、最終的には左右の差は二個となってしまいました。ひとつの晶洞の中で、左右のバランスは保たれていたのです。自然は公平であることがわかりました。

ところで、ラピスラズリ、鉱物の正式名ラズライト Lazurite は、宝石になる美しい鉱物のうちでも一風かわった存在です。まず産地が局限されていて、宝飾用に使える品質のものを産出する所は、アフガニスタン、ロシアのバイカル、チリーの三カ所しかありません。ダイヤモンドでも、産地の数はもっとあります。

ラピスラズリには結晶が少ないのもこの鉱物の特色です。鉱物には結晶しやすいものと、しにくいものがあります。ダイヤモンドは結晶しやすいものの代表で、たいていコロッとした結晶になっています。脈状のダイヤモンドなど聞いたことがありません。ガーネットなども結晶しやすい鉱物で、十二面体か二十四面体の結晶をしています。

ラピスラズリは前述の産地では大量に産出しているのですが、結晶になることは極めてまれです。チリーやロシアの産地では結晶の話など聞いたことがありません。最古にして最大の産地であるアフガニスタンのバダフシャンでは紀元前の昔からラピスラズリを採掘していますが、結晶となるとごく少量のようです。

約十年前、西ドイツのミュンヘン鉱物展に行ったときに、バダフシャンのラピスラズリの結晶を売っているのを見ました。五〜六センチ大の母岩《ぼがん》に一センチくらいの、たしか立方体風の結晶が入っていました。見たとたんに、これは欲しいと思いましたが、価格も相当なので、ほかにも類似品を売っているかもしれない、とにかく会場をひとまわりしてからと、広大な会場を三分の一ほどまわってその場所に戻ってみると、もうそのラピスラズリはすでになくなっていました。売り手に聞くと、あれは珍品でもう入手の見込みはない、という返事でした。逃した魚は大きいのたとえで、それ以来ラピスラズリの青い結晶が脳裏からはなれなくなってしまいました。

数年前にアメリカのツーソンのミネラルショーでラピスラズリの結晶に再会しました。六センチくらいの母岩に、一・五センチくらいの結晶がついていました。かなり古い標本らしく、番号も二カ所にかかれていて、おそらくはどこかの博物館の旧蔵品らしく思われました。ただ、価格がたしか千ドル近いもので、いくら貴重品といっても手が出ませんでした。こうして六、七年目の二回目の機会も、結局見逃してしまいました。

今年（一九八三年）の十一月にカナダを旅行した後に、筆者はアメリカのサンフランシスコにまわり、二、三の標本商を訪問しました。ところが、そのうちの一店の地下倉庫の作業テーブルの上に、何気なく一塊の石が転がる

ラピスラズリの結晶。アフガニスタン産。

ように置いてあります。手にとって明るい所で見ると、意外なことにこれがラピスラズリの結晶でした。七センチ大の母岩の中にいくつかの結晶が入っていて、その最大のものは直径四センチありました。今までで見たのは一センチから二センチ以内の結晶で、四センチの結晶というのは、見たことも聞いたこともありません。十二面体の結晶が白色のドロマイトの中に埋もれていて、ドロマイトを少し取り除けばもっと立派な結晶面が現れるだろうと思われます。世界の博物館の収蔵品と競争してもそう負けないだろうと思われる品です。

三度目の正直でようやく入手したラピスラズリの結晶で、十年間思いをよせただけあって見事な標本なのですが、これを機会にラピスラズリに結晶が少ないのは何故なのか、産地の数が少ないのは何故なのか、こういう点を考えていきたいと思います。（今日では、ラピスラズリの結晶は市場に出回っている。）

自分の手で採集した石の中でナンバーワンはどれですかと聞かれると、少し考えてしまいます。それはナンバーワンにも色々な意味があるからです。しかし筆者の場合、いちばんだれにでも納得してもらえるのは、埼玉県秩父郡大滝村（現、秩父市大滝）秩父鉱山道伸《どうしん》窪《くぼ》坑で採集したベスブ石の結晶でしょう。

秩父鉱山は武田信玄の時代からの金山《かなやま》で、近年は銅、亜鉛、鉄を採掘していました。しかし、数年前に鉱石の採掘は全面的に止めてしまい、今では近くの山で石灰石《せっかいせき》を採掘しています。

筆者が秩父鉱山をはじめておとずれたのは今から十五年前（一九六八年）で、まだ金属鉱山として盛んなころでした。糸状の自然金がたくさん出て、それを鉱夫の人が内緒でポケットに入れて持ち帰り、それを秩父市の歯科医に売ったことが発覚して、刑事事件となり、私たちの間でも話題になったことがありました。

秩父鉱山はスカルン鉱床《こうしょう》という形の鉱山で、石灰岩が変成されて粗粒の大理石《だいりせき》になっています。鉱石や鉱物もこの大理石に伴う場合が多いのです。

ちょうど道伸窪坑の坑道を開いている時でしたので、坑内から大量のズリ石が外に出ていました。写真のベスブ石の結晶はこの大理石の中に頭を出していたものです。結晶は完全で、結晶面も輝いており、正方晶系《せいほうしょうけい》の結晶見本のような美晶です。一個をとるのに一時間もかけて、大理石の中から掘り出したのですが、その甲斐があって、これは日本産のベスブ石の標本のナンバーワンであろうと自負している次第です。

秩父鉱山には最近も行きますが、もはや昔日の面影はありません。程度を問わず、結晶したベスブ石を見出すことも困難です。しかし、この道伸窪坑のスカルンは硫酸スカルンとでも言えるくらい硫酸根《りゅうさんこん》に富んだ特殊なものであることが、最近になってようやくわかってきました。このようなスカルンは世界でもそう類例がないと思われます。

ベスブ石の美晶はこのユニークな鉱床《こうしょう》を解明してほしいという自然のジェスチャーだったのではないでしょうか。結晶を採集してから十五年後に、ようやくこのことに気がついたのですが、はたして今後このむずかしい課題に取り組んで、いくらかでも解明することができるでしょうか。

ベスブ石の美しい結晶を見ると、そんなこ

ベスブ石の結晶。
埼玉県秩父鉱山産。
最長4・5センチ。

とを思って、今日もやや気おくれがしつつこの結晶を再び引き出しにもどすのでした。

(ここまで『れ・じゅわいよ』一九八三年)

眺め、楽しむ

鉱物（ミネラル）が最近ようやく人々に認められてきつつあるのは誠に同慶の至りですが、この楽しみを充実し、永つづきのするものとするために、ここでは先進国であるアメリカの流儀をご紹介しましょう。

小笠原流とか裏千家、または甲賀流、伊賀流のように日本にはいろいろな流儀・流派がありますミネラルの世界にそんな固苦しいことはいらない、無手勝流や自己流でいい、という意見もありましょうが、それはそれとして、万事、外国の先進に学ぶというのが、古来わが国の伝統でもある訳ですから、ひとまず、アメリカ人のやり方を見てみましょう。

まずコレクションの対象となる石の大きさから調べていきましょう。

いまアメリカでいちばんポピュラーなサイズは三センチ以下の大きさです。これよりも大きいものでは、五センチ程度の大きさもかなり普及しています。しかし、七センチ以上の標本を集める人は、かなり少数派になっています。

日本では、戦前までは、三寸×三寸五分というサイズが標準でした。何センチになるのでしょうか、ひまな人は計算してみてください。現在では、七・五×六センチの小箱に入れる大きさが、一応スタンダードなものと見なされています。三センチ以下のものも、貴重品は丸箱に入れて使いますが、並品はクズ扱いです。またコレクター間には、鉱物は大きければ大きいものほどいい、と言って、大型品信仰が根づよく残っています。

鉱物に愛着があるゆえの方針で誠にけっこうなのですが、問題点は、そのようなマニアの自宅を訪問してみると歴然とします。標本を押入れに詰め込んである人、専用の物置を持っている方もありますが、その人のコレクションの全容を見学しようと思うと大変です。上のものをどかしていかないと下積みのものは見れない。中身が重い石ばかりですから、相当の重労働となります。お年寄りのコレクターでぎっくり腰、なかには、骨折したという方もいらっしゃいます。

アメリカの住宅事情がこちらより大幅に良好なことは知れ渡っています。なのに、アメリカ人は、かつては五センチ程度、今では三センチ以下のサイズの標本を集めるようになっています。なにかあべこべのようですね。

住む家が小さいから、車だけは大きいのがほしい、という日本人気質が反映しているのかも知れません。これは、率直に言うと、いわゆる貧乏人根性というやつです。ミネラルという高貴な趣味をやる以上は、精神的にも、あるいは精神的だけでもリッチにいきたいものです。リッチな精神とは何かをここで論ずるつもりはありませんが、合理性とゆとりを持つ、この点を大事にしていけばいいのではないでしょうか。

大型にこだわる日本人と三センチ以下のサイズをベターとするアメリカ人、どちらに合理性とゆとりがあるかは判然としています。アメリカ式では、大型標本は、まず博物館用、そしてルーム・アクセサリー用であり、自己のコレクションには三センチ以下のサイズを選択します。

大型品の利点は、産出状況や鉱物共生が良くわかることにあります。小型品の利点は、場所をとらず、安く、小さな結晶などのポイント的な美しさを生かせることでしょう。

大型品は迫力があって良い、と言う人がいます。でも、小型品も沢山並べると大型品に劣らぬ迫力が出ます。

日本の税関は世界でも厳密に仕事をしていることで知られています。当局には電話帳のような分厚いコードブックがあり、世の中のあらゆる物品にはすべて分類コードが付けられるそうで、輸出入の時、そのコード番号がないと書類が出来ない、つまり輸入も輸出もできないことになっています。

あるとき、隕石《いんせき》を輸入したら、係の人がコードブックにのっていないといって困っていました。エリート大蔵官僚も宇宙時代に対応が出来ていなかったと見えます。

一方、博物標本、という分類はのっているのです。鉱物標本はこの分類でいけば、隕石をも含め、OKだろう、と素人は思うのですが、税関の役人に言わせると、一点一点ちゃんと箱に入っていないと、標本とは認められないのだそうです。

一点一点箱に入れラベルを付けるのは、輸入して後からやることなので、輸入用には、「博物標本用原石」とでもいう新コードを作ってもらいたいものだと考えています。

ともかく最終的に標本は容器に入っていなければならない訳で、今度は、そのことを調べてみましょう。

日本流では、標本は、「小箱」に入れ、ラベルをそえます。小箱は昔は経木《きょうぎ》で作っていましたが、今は紙製です。一応、規格があって、六×四・五、七・五×六、九×七センチの三通りがいちばん使われています。この中の、七・五×六センチが、スタンダードになっています。これを木製の平箱（もろぶた）に収納します。規格品では前記の三種の小箱をそれぞれうまく並べられるような寸法になっています。内径四六×三八センチの箱に、七・五×六センチの小箱が三六個おさまります。もろぶたは積重ねて置くのがイージーですが、引き出し式にすれば、ベストです。しかし千個の標本を入れるには二八個のもろぶたを要し、これを引き出し式にすると相当のスペースを取ってしまいます。

アメリカ式のケースをご紹介しましょう。写真を見ていただくとわかるように、透明プラスチックのケースで、ヒンジ式になっていて、開け閉めが出来ます。底部には発泡スチロールの板を敷いています。

この板にミネラルを固定するのですが、いろいろなやり方があります。長い棒状のものは発泡スチロールの板に突きさしておくだけでも固定されます。接着剤でつける人もいますが、そうすると取り外しがきかないので、あまりおすすめできません。粘土で付けておくのがいちばんいいと、筆者は思います。この特殊な粘土はドイツ製で、固まらず、接着性がよく、最適なのですが、一般には市販されていません。私のところのミネラル・ショップか他の鉱物標本店では取り扱っています。数ミリ大の結晶などの場合には、アクリル製の丸棒を一旦ケースに固定し、その先端に結晶を付けるようにします。発泡スチロールはふつうは白色ですが、ミネラルによっては黒色にしたり、いろいろ工夫を重ねています。

ラベルは背面や底面に貼るのがふつうです。このアメリカ式の容器はサムネイル・ボックスと呼ばれています。鉱物用に製造されていて、値段も数十セントと安いようです。

このサムネイル・ボックスにいかに効果的にミネラルをマウントするか、というのがアメリカ・コレクターの楽しみである、ということです。武骨なアメリカ人が、実に細かい配慮をして、小さな標本を美しく演出しているのを見ると感心いたします。しかし、元来こういったことは、日本人のいちばん得意とする所のはずで、われわれが本気で取り組めば世界一の美しいディスプレーを実現することが可能と思います。でも、今のところ、日本には、サムネイル・ボックス派はほとんどいないのです。

サムネイル・ボックス。

サムネイル・ボックスのサイズは、約三・五センチ角です。一個の大きさは小さいものです。アメリカでは、五〇個を収納できるアクリルケースが市販されています。これだけそろうと迫力があります。このケースは壁に掛けることも出来ます。ルーム・アクセサリーとして手頃な大きさでしょう。

アメリカの家庭では、照明も工夫しています。ミネラルの魅力は光り輝くところにあります。うす暗い所はダメで、蛍光灯も好ましくありません。あちらでコレクターの方に招待されると、部屋に入り、標本ケースのライトを付けるところから話がはじまるのです。

これまでサムネイル・ボックスの紹介をしてきましたが、ちかごろアメリカではマイクロ・マウントという流派がかなり勢力を伸ばして、サムネイル・ボックス派に肉薄しています。

マイクロ・マウントというのは、二・五センチ角、一・八センチ厚の透明プラスチック・ボックスに標本を入れるもので、一センチ以下、数ミリ大の小型標本に限られます。

このようにアメリカ（ヨーロッパでも）ではミネラル・コレクションの世界に〝ちぢみ傾向〟が明確に見られます。

元来、費用やスペースを問わない王侯貴族の趣味を市民のレベルで行うのですから、ミニチュア化することによって、同じぜいたくさを求めようとするのだろう、と、筆者は考えています。

そして、それを援護する強力な武器が登場してきたのです。その名をミクロスコープ（顕微鏡）といいます。正しくは、双眼実体顕微鏡というのです。

欧米のミネラル・コレクターの間のミクロスコープの普及率はたいへん高いのですが、わが日本では、これを持っている人というと、数人が思い浮かべられる程度です。海外のミネラルフェアーにいくと、たいてい、ミクロスコープの展示があります。その製品の大半は日本製なのですから皮肉なことです。

「顕微鏡は学者の道具だろう、自分は何もむずかしい研究をする訳ではないから、そんなものは不用だ」と、お思いになる方が、いらっしゃるでしょう。

海外のコレクターの大部分は、研究のためにミクロスコープを買っているのではありません。では何のためか、もちろん、ミネラルを楽しむためなのです。

ミネラルをミクロスコープで眺めると、どう楽しめるのか。これは言葉で説明できることではありません。「東京国際ミネラルフェア」ではミクロスコープのデモンストレーション・コーナーを設けますので、ご自分の眼で体験してみてください。

そうすれば、ミクロスコープを持つコレクターが昔の王侯貴族におとらないリッチな気分になれることがおわかりいただけることでしょう。

（『第四回東京国際ミネラルフェア公式ガイドブック』一九九一年）

くんのこ

新幹線盛岡駅を降りて、久慈《くじ》行きのバスに乗り換える。所要時間約三時間、距離百キロ余、料金二、六一〇円。このような長距離の乗合バスは少ない。もしかすると日本一かも知れない。途中いくつもの峠を越える。四月であったが、まだちらほらと残雪を見た。

急なターンを繰りかえしながらバスは峠を登り、また下っていく。日本一の白樺林という平庭《ひらにわ》高原の風景には圧倒された。峠を越えるたびにあたりの様子がかわってくる。たんに風景が新しくなるばかりでなく、もっと本質的に何かがちがう。空気の成分も異なってくるのだろう。

高知に行ったときも似た体験をした。東京を中心とした現在の日本とは、少し時間軸が異なる、とでもいったらよいだろうか。

盛岡を出発したバスは途中二回の休みをとり、大きな峠を二つ越えて、久慈に入ると、そこには独自の世界が開けていた。岩手県久慈市というよりは「くんのこ国」にやってきたという感じがした。

今回の旅の目的は、東京国際ミネラルフェア一九九四年のテーマとなる「こはく」について打合せと取材をするためである。そのため数あるという名所旧蹟はさけて久慈琥珀《こはく》博物館に直行した。

ここは小久慈《こくじ》という集落のはずれにある。かつてのこはく採掘所跡に建てられていて、当時の坑道も見学することができる。こはくを加工販売する久慈琥珀（株）の経営になり、小規模ながらこはくについてよくまとめられている。

こはくは昔は鉱物の本にものっていたが、木の樹脂の化石であり、厳密にいうとやはり鉱物ではない。しかし、知らないよ、といって突っぱねてしまうのも少し気のひけるところがある。今回の見学で、この土地のこはくについて認識をあらたにした。

久慈のこはくは薫陸《くんろく》と呼ばれ、真正のこはくとちがってコハク酸が含まれていない。質が悪く、戦争中はもっぱら油の原料に用いられた、という程度の知識しか持っていなかった。

しかし実際にはコハク酸は含有されており、地質時代の点からも本場のバルチックよりさらに古い白亜紀《はくあき》で、産出量は世界有数、奈良時代にすでに利用されて、正倉院にも収蔵され、大陸にも輸出されていた。当時の中国では、赤褐色《せきかっしょく》系のこはくが珍重されたというから、こはくは倭《わ》の国の産、つまり久慈産をもって特上品とする、ということだったかも知れない。虫入りもあり、世界に誇るべき真正のこはくなのである。薫陸はこはくの香料名（こはくは香料になる）であり、一種の雅名《がめい》として使われていたようで、名前からしても下等のこはくではなかった。

博物館のとなりに同じ経営のレストランがある。「くんのこ」という名前で、こはく料理ではなく土地の材料を巧みに生かしたフランス料理を出す。山の中のしゃれた建物でフランス料理を食べていると、宮沢賢治の世界が思い出される。「くんのこ」は薫陸と岩手弁の愛称を表す接尾語の「こ」をつなげた言葉で、土地では広く使われている。

くんのこは現在一カ所で坑道掘りされている（上山《かみやま》琥珀工芸）。久慈琥珀（株）ではバルチック産を輸入して、加工しており、一部は地元産も使っている。かつては多数の掘場《ほりば》があり、くんのこ御殿を建てた山師《やまし》もいたという。その昔の旧坑の一つに行ってみた。道端に坑道の名残《なごり》の穴があって、よく見ると壁にくんのこが付いている。なにしろ採集行ではないので道具を持ってきていない。くんのこ国の宝物をこわすだけになりそうなので採集はあきらめた。

　この国の海岸には、小粒の磨かれた良質のくんのこが打ち上げられるという。質の悪いところは自然に削られてしまうようだ。海岸では種々の地層が見られる。第三紀層中には亜炭《あたん》があり、この中にもアズキ粒大のくんのこが入っている。白亜紀の地層も出ており、アンモナイト、エビなどの化石が見出される。くんのこを含む個所もある。

　ヨーロッパのたとえばモスクワでは市内の崖に中生層が出ており、軟らかくて、アンモナイトが手で引っ張りだせる。日本では第三紀層でも硬くて、ハンマーで割らなければいけない、と思っていたが、さすがくんのこ国、白亜紀層が軟らかい。そのため鉱物採集用ハンマーがあまり役に立たない。旅行用に持参

くんのこ掘りの旧坑道。

した小型のハンマー、小よく大を制する、という自信があったのだが、軟らかい地層に立ち向かっては勝手がちがった。それでも何とかスモモの実位のものを採集することができた。ただひじょうにもろい。地表に近いものは酸化作用が進んでいるためかも知れない。細工用のくんのこは坑道掘りで地中深くから出さなければいけないようだ。

こはくの比重は1よりも少し大きく、真水に沈み、海水に浮く。なかには比重の大きいこはくもある。これは地質時代に軽度の熱水作用を受けて、内部に石英《せきえい》を生じたものである。質が悪くて細工は出来ない。この手のものは砕けやすく、重いので海岸に打ち上げられることはない。

東京の近くにこのような産地があったら、すぐ荒らされてしまうだろう。しかし、このくんのこ国では、不心得の者はいないと見えて荒らされた跡がない。長崎県の孤島にある日本式双晶《そうしょう》の産地は、テントで寝泊まりして、一週間かけて地形をかえてしまい、数千個をとったと自慢する人々が続出して、ついに地元の教育委員会によって採集禁止になってしまった。くんのこの産地がこのような荒らされかたをしないように同国の人が一緒でないと採集できない、という風に決めたらよいのではあるまいか。

山と大洋によって、西日本から隔離保護されてきた、くんのこ国が、これからも末永く独自性を守られるように祈っている。子供のときから化石や石器に親しみ、今は久慈琥珀博物館の館長をつとめる佐々木和久氏、また単独でくんのこを採掘し、研究に協力されている上山《かみやま》菊太郎氏はこの国の宝の守り手である。取材にご協力をいただいた両氏に感謝するとともに、くんのこの保護にご理解いただくよう、読者にお願いをする次第である。

(『第七回東京国際ミネラルフェア』一九九四年)

ブルガリア

この旅行が行われた一九八八年十月の時点では日本からブルガリアに至る航空路は二つあり、一つはアエロフロートで東京→モスクワ→ソフィアと行く方法、もう一つはドイツのフランクフルト(毎日)かミュンヘン(週数回)からルフトハンザあるいはバルカン航空でソフィアに至る。

筆者はオーストリアのアルプス山中を旅行した後だったので、ミュンヘンからのルートを利用した。

とくに検査もなく、空港のホールに出ると、私たちを出迎えてくれるらしい二人に出会った。一人は運転手、もう一人は女性の鉱物学者ジーフカであった。最初の数語を英語で、すぐロシア語に切り替えた。なお、私たちというのは、私と女房の二名である。

ブルガリアが東欧の一国であること以上に知らない方のために、ひとこと紹介しておこう。

ブルガリアは青森県位の緯度にあり、気温も日本と大差ない。東は黒海に面し、北方はルーマニア、南方はトルコ、ギリシャと国境で接している。ブルガリア人はスラブ系であるが、ロシア人ほど大きくはない。言葉はブルガリア語で、ロシア語に近いが独立したことばである。発音と文字が同じなのに、意味がちがう例が多い。「前菜（ザクースカ）」が「朝食」になるのは、わかる気がするが「右へ（ナプラーヴォ）」が「真っすぐ」になってしまうのは不思議だ。

ブルガリアでは首をタテに振るとノーとなり、横に振るとイエスになる。これもよそには見られない習慣である。

ブルガリアで有名なものは何か？ ヨーグルトとジャムを思い出す人が多いのではあるまいか。ヨーグルトはとてもおいしかった。白ワインも独特の香味があってすばらしい。

ブルガリアはかつてのソ連の属国のように思う人もいるが、それはちがう。ロシア文字は、実は、ブルガリアで発明されたものだし、ロシア正教もブルガリアを経由して伝えられたものだ。国は小さいがロシアに対して文化的には兄貴分ともいえる。

大使館をとおして筆者の旧友ミーシャ・マレーエフ氏から「新しい鉱物博物館――『地球

と人』博物館――をつくったから、ぜひ見に来てくれ、滞在費は持つし、山にも案内しよう」という手紙が来たのが、今回の旅行のキッカケであった。手紙といっしょに美しい標本が二点添えられてあった。

マレーエフ氏は、金属工業省次官で応用鉱物学研究所長を兼ねるエライ人である。しかし、実は同国一番の鉱物コレクターなのである。彼がつくった博物館はどんなものだろうか。

案内されたホテルの部屋からちょうど真向かいに博物館が見下ろせた。赤い屋根、くすんだ空色の美しい大きな建物だ。以前は修道院であり、取りこわしの運命にあったのを、マレーエフ氏がストップさせ、博物館に模様がえしたのだという。ぼくらは、荷物を置くと、その足で博物館へ向かった。内部に大きな吹き抜けのホールがあり、天井から採光できるのは博物館に打って付けである。

一階の展示フロアの大半には、人体大の巨晶が据えられている。これは館長であるマレーエフ氏の好みだそうで、なるほど迫力がある。もっとも、ブラジルの石が多い。ブラジルで財をなしたブルガリア人が祖国の博物館のために寄贈してくれたのだという。水晶の巨晶のバックを鏡張りにしたり、展示効果にも気をつかっている。ただ撮影の時は自分の姿が鏡に映るので都合がわるかった。

用途別の鉱物展示とか、国内の鉱物の展示とかめのうの板をたくさん並べて下からライティングした展示とかがある。鉱物の系統的展示はない。一般の人に、鉱物の楽しさと、資源としての意味を教えようという方針のようだ。

まだ出来てから一五カ月しかたっていない博物館である。私立ではもちろんないが、国立ともうたっていない。ブルガリアは四世紀にわたってトルコの圧政下にあり、その時の政府はトルコの御用機関で国民のためのものではなかった。そのため学校をつくるのでも、お金のある人が寄金をして実現したものであるという。こういう伝統が今に生きていて、博物館の創立にあたっても、個人や企業からお金や物や標本があつめられた。だから「人

ブルガリア、ソフィア市にある『地球と人』博物館。

アイデアである。

民立の」博物館という訳である。

展示標本の大部分には「寄贈者」の名前が書いてある。しかし、本当は貸してあるだけで、持ち主はいつでも返却してもらえることになっているという。なるほど、これは良いアイデアである。

空港に出迎えてくれた女性鉱物学者のジーフカの部屋に行った。彼女の肩書きは「保管主任」である。英語のキュレーターに相当するが、研究者めかすよりは、はっきり保管人とした方がいい。

この博物館のもう一人の重要人物は、セキラーノフ氏である。彼の肩書きは「採集主任」。専用の車と運転手をもち、鉱物を採集してまわっていれば良いという役目なのだ。

このポストは他の博物館ではあんまり聞いたことがないが、たしかに考えてみれば、博物館にはもっとも必要な役目で無い方がむしろおかしい。あとは経理、業務、展示、広報などの人がいて、定年後ボランティアで働いている人も混じっている。

展示品に対する説明文は未完成ということで少ないが、案内人がいて口で説明してくれる。読むより聞く方がわかり易いことはいうまでもない。

将来のプランとして、夜間の開館、標本を切ったりみがいたりする部屋、エックス線分析の出来る部屋を作り、一般人に開放するなどがあると、館長のマレーエフ氏は説明してくれた。

「ここはデモクラシーの精神でやっている。鉱物のアマチュアが館の設備を利用する。ここはお役所でないし、エライ人はいらない」

筆者は聞いていて、うらやましくなり、また物悲しくもなった。こんな立派な博物館が〝金持ち日本〟にはないのだから。

そのことを彼にいうと、

「なに、君が作ればいい」

と、かんたんに答えられた。

ああ、筆者に少しでも政治経済的手腕があればいいのだが。

博物館の重要人物であるジーフカさんとセキラーノフ氏と運転手のニコライ氏と日本人二名が採集専用車に乗って、ブルガリア鉱物採集の旅に出発した。

首都ソフィアは国のかなり西部に位置しているが、目的地は南東部なので、かなり長時間のドライブになる。高速道路も出来ているが、まだ少ない。途中の道端でやたらと車が止まっている。ボンネットを開けたり、車を持ち上げたりしているのでエンコしているらしい。かなり以前、日本でもメカに強く腕力のある人でないと車に乗れなかった時代があったことを思い出した。ニコライ氏に聞くと、この車は軍用車だから大丈夫だという。民生車は品質の保証がないらしい。

暗くなってから、マッジャーロヴォという鉱山町に着いた。古い型の公団住宅のような四階建ての鉱山専用住宅があってその一ブロックに泊まった。

翌朝はまずはじめに、霰石《あられいし》の産地に向かった。道のない山の中を歩いて、蛇紋岩《じやもんがん》の露頭《ろとう》に至り、そこに霰石の脈が入っている。脈のふくれたところをうまく取ると、カリフラワーに似た霰石が出て来る。たくさんとれるが、車までの道なき道を考えるとそう多くは持っていけなかった。

車に乗って、しばらくすると、道路に新しいズリがしいてある。そのズリの中からアメシストをさがすことになった。館に来る子供たちにやるのだといって、ジーフカさんは熱心に拾っている。

すぐ先にはこの鉱山の広大なズリがあり、筆者はその中でリンゴ緑色のぶどう状のものと黄緑色でやはりぶどう状のもの、褐色《かつしよく》放射針状のものを採集した。博物館のメンバーは、そういうものははじめて見るという。しかし彼らの興味はもっぱらアメシストにあるようで、この種の鉱物には興味をしめさない。

筆者はリンゴ緑色のものを「バリシャー石《せき》」、黄緑色のものを「銀星石《ぎんせいせき》」、褐色のものを「カコクセン石」と鑑定した。日本に帰ってから調べてみると、「銀星石」はすでに分解して、非晶質《ひしょうしつ》になっていた。他の二種は問題なかった。

次の日はストゥデーン・クラデネッツという所の近くにある、めのうの産地へと行った。ここは玄武岩《げんぶがん》の柱状節理《ちゅうじょうせつり》のものすごく立派な景観地である。日本だったら国立公園になって、観光設備が立ち並ぶだろうが、ここには何もなく、だれもいない。どういう訳か柱状節理がよく発達している所に、めのうと水晶が多い。岩から取り出すのが惜しいようで、転石《てんせき》を数個採るだけにした。細かな輝沸石《きふっせき》があった。

これからブルガリアの南西部の方へ移動していく。クルジャーリという都市のホテルに泊まった。明るいうちに着いたので、街を見物することにした。博物館の男達二人は友人がいるといって、どこかに消えてしまった。そこの店で、ブルガリアの旅行地図を入手した。アメリカで売っている州別のマップとくらべて遜色がなく、ようやく自分たちのルートをトレースできるようになった。

次の日は、バニーテという所の近くにあるペグマタイトの産地へいくことになった。まず、近くの村に着いて、案内人を訪れた。博物館からいくらかお金を払って、良い物が出たらまわすようにたのんであるという。

　車を捨てて、山越しの道を行くこと二時間、ようやく産地に着いた、というが、ただの山の斜面で、採石場も岩石の露出もない。

　案内人は山いもでも掘るように、斜面の一部を掘っていく。五〇センチ位進むと何やら石が出てきた。ニコライ氏がどこかの水場に行って土を洗ってきた。見ると、石英《せきえい》の上に水晶、白雲母《しろうんも》、それにオレンジ色で三センチ大のざくろ石がピカリと輝いて、みんなあっと息をのんだ。こういうガーネット（まんばんざくろ石）は知られていなかったそうである。

　ただの山の斜面は、急に貴重な産地に早がわりとなり、つぎつぎに立派な標本が掘りだされた。

玄武岩からなる見事な柱状節理。

帰りに案内人のマリーン氏の家で、食事がふるまわれた。この地方の典型的な料理の一つらしい。日本人の口に十分あうもので、重労働の後ではあったし、おいしくいただいた。この他にもいくつかの料理が出た。なんとかこれも平らげて、ようやく息をついたと思ったら、大きなドンブリに肉や野菜のたっぷり入ったスープが出てきた。大食漢でない筆者は辞退をしたがダメだった。

客人が来ると主人側は可能なかぎりのごちそうを出す。客はそれを全部食べなければいけない、という習慣だということで、実に困った。

最終目的地の鉱山町マダーンに着いた。鉱山事務所は大きいビルで、地質屋さんの部屋には男性一人女性一人がいた。

カンブリア紀の地層の中に、平行に鉱脈が入っており、ところどころで石灰岩《せっかいがん》とスカルンも作っているという。ちょっと、日本にはないタイプの鉱床《こうしょう》である。同国の鉛と亜鉛のほとんどをここで採掘しているという。露頭の一つに行き、ヨハンセン輝石《きせき》などを採集した。

ここの目玉は、方鉛鉱《ほうえんこう》の立派な結晶である。世界中でも、方鉛鉱の美晶は案外少ない。マダーンは世界一の産地だろうと思う。坑内にガマがあって、結晶が出る訳だが、こういうのは、たまに外部の人間が行っても採集できる訳ではない。

ところが、ここではユニークなシステムが採用されていた。それは、かのマレーエフ次官が、鉱物標本保護令を発しているのであった。

坑夫がガマで良い結晶を見付けたら、大事にとって家に持って帰りなさい、そして鉱山の事務所でそれを買い上げます、というシステムなのだ。

マレーエフ次官いわく、

「人間は鉱物を採掘して利用しているが、これは一面では自然を破壊していることになる。しかもどんな貴重な自然を破壊しているのかも知らないでいるのである。結晶は世の中に同じものが一つしかなく、それをダメにしたら、二度と出来ないものだ。地球の宝ともいうべき貴重な結晶をつぶして、数グラムの鉛を作って何になるというのか？　これこそ大変な自然破壊といわざるを得ない。(そのとおり！　と大向から声あり。)

結晶標本を持って来た坑夫にお金を払うのは、その標本を買い上げるという意味ではありません。彼は、それを保護して、適切な場所へ運んでくれたのです。このことに対する謝礼を払っているのです。この事務所で買い上げた標本は、博物館や研究機関へ提供することになっています」

これと対極的な事例として思い出されるのは、日本の市之川鉱山の場合だ。立派な晶洞《しょうどう》がみつかると上司の命令で、輝《き》安鉱《あんこう》の結晶を鉄棒で打砕かせたという。坑夫の注意がそらされて仕事にマイナスだという理由だった。なんという野蛮な行為だ！

鉱山ビルにある標本室を見学した。そこでとれた標本が陳列してある。展示法がユニークで、その特殊なケースが、鉱物の結晶のようで、印象深かった。その室長はすもうとりのような大男で、皆に「熊さん」と呼ばれていたが鉱物に深い愛情をもっていることがうかがわれた。

こうして楽しいブルガリア鉱物の旅を終えた。標本類は博物館からお墨付きをもらっているので無事に持ち出すことができた。

　帰ってから、この話を「無名会」でもしたし、個人的にも話題にした。本会の皆様にもお伝えしたいのでこの文を書いた。

「博物館の採集係？　それはいい。私も定年になったらブルガリアに行こう」

という人がいたし、会員の中にもいるかもしれない。筆者はこう答えることにしている。

「ご希望をマレーエフ氏に伝えましょう。でも第一番目に私が申し込むつもりですので、そのことをお断わりしておきますね」

（鉱物同志会誌『水晶』一九八九年）

東京国際ミネラルフェア

はじまり

一九八七年秋の西独ミュンヘン市の鉱物フェアに出掛けた筆者は、たまたま、凡《ぼん》地学研究社の菊地氏、プラニー商会の鈴木氏、東京サイエンスの神保氏と同じ飛行機（アエロフロート）に乗り合わせた。この飛行機が落ちれば、東京の標本業者は壊滅する、などと冗談を言ったものだった。その機会に鈴木米雄氏から、来年東京でミュンヘンのようなミネラルフェアを開催するプランがあるので、協力してほしい、という打診があった。ご承知のようにヨーロッパでは各都市で同種のフェアが開かれており、アメリカでも有名なツーソン・ショーをはじめ盛大に行われている。一方、日本は、顔見知りの仲間うちが集まる程度の標本会しかなかった。日本に国際フェアをという鈴木氏の話をまったく突然に伺ったとき、筆者は直感的に、これはやってみた方がいい、と判断した。本当のところ、鈴木氏とはわずかに面識があるくらいで、おつきあいしていなかった。しかしでたらめの話ではないようだし、良いことは協力する、という原則論でOKを出した。

日本に帰って、しばらくすると、鈴木氏から電話があって、打合せ会を開くからということだった。会場に予定されている、新宿の高層ビルの一つ、第一生命ビルの中の喫茶室に行った。鈴木氏、神保氏、筆者と、水石界《すいせきかい》の方が一名、盆栽の方が一名の五名が集まった。他社も参加するということだったが、その日は欠席となった。鈴木氏からこれまでの経過報告があり、とくに会場の確保については、苦心の結果、このような理想的な場所を使えるようになったことがわかった。この種の催しでは会場の場所が難関の一つであるが、これがすでに解決されているので、今度はその運営方針を決めていくことになる。日本のこれまでの標本会では、売り上げのパーセンテージを取って経費をまかなう方式だが、欧米の場合は、テーブル・チャージ方式であり、ここが根本的にちがう。今度の会では、欧米式にやろう、ということで意見が一致した。ただ具体的な料金については、それぞれに思惑のちがいからなかなか完全にはまとまらなかった。

その後のいくつかの経緯を書いてみると、実行委員会への新しい参加は実現せず、盆栽の業界の方も実行委員から降りて、不参加となり、水石界の方も後になって委員を辞退され、結局、言い出し人のプラニー商会の鈴木氏とすでに親しい間柄にある東京サイエンスの神保氏、そして筆者という三人委員会のようになってしまった。しかし一方では、日本地学研究会館の益富寿之助博士、東京の櫻井欽一博士のお二方の権威者を実行委員会の顧問にお願いすることが出来たのは非常に幸いであった。その後、毎週一回定例会議を開いて、六月の実現をめざして、がんばることとなった。こうして、最初はやってみる方がい い、という位の気持ちであったのが、結局はすっかりのめりこんで、この社会事業を行うためのボランティア委員会の中に取り込まれてしまった。

会の直前の問題点はどのようなものであったか。そのいくつかを記してみると、まず、テーブルが埋まらなくてはならない。予約者が少なくては成り立たないし、多すぎても困る。この点は、直前にようやく満杯となった。来ると思われた所が不参加だったりしたが、従来の標本会に見なかった新しいメンバーが集まった点はかえって良かった。はじめての国際フェアということで、外国勢が来るが、これへの対応が大変だった。ホテルの予約から、通関の世話、通訳のあっせん等である。最後まで来るか来ないかわからない人もいた。こちらで万全の準備をととのえても、人々に知ってもらわなければ何にもならない。宣伝面は会の成功を左右するポイントであった。わが国では初めての一般雑誌（ピープル）への有料広告を出し、他にも有力雑誌いくつかに無料（記事扱い）で相当の誌面をさいてもらった。顧問の益富博士のご紹介で、朝日新聞全国版科学欄（夕刊）に会のことが紹介された。あとはＴＶであるが、これは明日のことは前日にならないとわからないし、また大きなニュースがとび込むと予定していた小さなニュースは没になるというし、不確実であったが、前夜までけんめいに各局にたのみこんだ。

実現

「第一回東京国際鉱物・化石・銘石フェア」が一九八八年六月三日より八日までの六日間、新宿新都心の高層ビル「新宿第一生命・ホテルセンチュリーハイアット・ツインビル」の一階の「スペース７」で開催された。

　床面積約千二百平方メートル、吹抜け式のワンホールに百三十四台のテーブル、四個のブース、特別展示コーナーと併設特別展スペースが設けられた。

　出展者は、海外より一七社二五名、国内勢は五四社百余名であった。国別では、カナダ、アメリカ、メキシコ、ウルグアイ、ブラジル、オーストラリア、西ドイツ、イタリアの八カ国であった。分野別にすると、銘石、水石、美石《びせき》二二社、化石一六社、鉱物一五社、宝石一一社、その他七社となる。

　特別展として「日本の金鉱」を併催した。櫻井標本室および串木野町金山観光、合同資源産業、住友金属、三菱金属の鉱山会社、また日本鉱業協会、鉱物科学研究所のご協力をえて、日本を代表する金山の標本を一堂に集めて出展した。

入場者総数は約一万五千人であった。売り上げの方はテーブル・チャージ方式のため不明であるが、大きなものであったことはまちがいない。TV局ではNHKとフジテレビの二局がニュースに流してくれた。やはりテレビの効果は抜群であった。それに朝日新聞も全国版だったので、本当に全国から人が集まった。会期については、当初は三〜四日という案だったのを筆者が六日間を主張したいきさつがあるので、初日と土曜、日曜は良いとしても、あとの月・火・水に果たして入場者があるのか、大いに心配した。ところがフタ

会場風景。

を開けてみると、日を追うにしたがって場内は活気を呈する一方で、ニュースが日本中をかけめぐるのに日数がかかるから、と思っていたのが的中した。六日間という長い会期は、遠くからの参加出展者には負担を強いることになるが、会全体の効果という点からは、やはり必要だった。最初は長すぎると言っていた外国出展者も最後には考えがかわった、と言うようになった。

日本最初の国際フェアということで、この催物の焦点は外国参加者にあった。彼らが来てくれるので話題性が出て、マスコミも取り上げてくれる。実績のない東京へ出張してくれるのであるから、来る方も勇気と先見力がいる。主催者側としても彼らをつとめて優遇することにした。会場内の良い場所に外国勢を集め、通訳を配備し、筆者は外国勢の直前に出店して、つねに彼らを「監視」することにした。この作戦は当たって、会場の様子が一目で国際的ふんいきとなり、人気を高める効果があった。いちがいには言えないが、外国勢の商品の価格は十分に魅力的なものであったので、内容的にも好評だった。言葉の壁はあっても、けんめいに片コトで交渉する人々はむしろ楽しそうでもあった。実際、鉱物のことに無知な通訳よりも、石のことを知る者同士のふれあいの方が理解できる面がある。

一方、日本勢の多くを占めるのはいわゆる水石業者で、例の菊花石《きくかせき》のような大きく高価な石を並べていて、少し異和感があった。水石業界は、聞くところによると、ここのところ低迷している。やはり住居の環境が変化して、大型の石を置ける人が少なくなっているのがいちばん響いているのではあるまいか。そのため既存の体制を改新しようという希望があるということで、そのような考えをもった人々の中の積極的な業者が今回参加してきたものと思われる。またこの世界には種々の流派があり、参加者はある種の「しがらみ」を抜けて来ていただいた風でもあり、主催者側としても優待しなければならないところであったが、外国勢にフットライトが当たりすぎて、日本勢はやや影にまわった傾向はあった。しかし入場者は全テーブルをくまなく見ていくのは当然であり、結果的には水石業者の方々で国内勢の中では良い商売をしていただいた方が出た。

出展品の中で、いちばん良く売れたものは化石であった。少し前からマスコミで化石を取り上げる動きがあり、マスコミ的な表現だと「今化石が面白い」ということなのだろう。たしかに鉱物より化石の方がわかりやすい。アンモナイトは子供でもわかるが、石英《せきえい》や長石《ちょうせき》を確実に鑑定することは易しくはない。ヨーロッパでは鉱物七割、化石三割、アメリカでは鉱物八割、化石二割というのが実情なので、日本でいま化石が売れるのは、いわゆる初期現象であると、理解している。博物館クラスの化石標本で値段も百万円以上のものが飛ぶように売れた。筆者もある公立博物館から頼まれて大型化石標本を入手したが、こちらが断念したらすぐもらうという希望者がそばで待っている、という売手市場だった。なかには、ある外国の化石商の商品を全部買い占めた人もいて、金満国日本という面をこの世界でも証明した。

組織者側も出展者もまったく初めてのことだったので、風が吹いて石が割れるなど予期しないことがあった。種々の分野からの混成で、かつ外国人も多く、人間の交流の面でも、ちぐはぐだった。外国勢を優遇したことへの反感もあったらしい。もし数日間の会期であれば、そんなわだかまりを残して終わったかも知れないが、ここでも時がその解消に役立った。全体のふんいきが次第に盛り上がっていくにつれて、人の垣根が低くなり、最終日一日前の夜に行われた親善パーティーでは、異分野間、異民族間の交流が活発に進められた。

外国人の入場も目立った。
左は、隕石を売るハーグ氏。
右は、化石と隕石を売るラング氏。
(いずれもアメリカ)

主催者側でとくに外国担当者として、筆者は参加外国業者全員にアンケートをとった。ほとんどの人は、今回は大変満足して、次回もぜひ参加したいと述べた。化石のディーラーにくらべて、鉱物ディーラーは売り上げの点では見劣りするのであったが、これは人々が鉱物の魅力をまだ知らないからで、こちらが教育するように努力していかなくてはならない。とにかくこれだけ多くの人が入場したのだから、鉱物のPRをやる必要がある。来年は美しくアピールする標本を展示したい、という意見には筆者も大賛成であった。

最終日の夕方になっても客足は落ちなかった。五時に、かねてこの時のために仕入れておいたテープで蛍の光のメロディーを会場のスピーカーで流した。まったく予期しないことだったが、会場から自発的な拍手がおこり、会場全体に波及していった。こうして有終の美のうちに、第一回国際ミネラルフェアは閉幕した。

心配だった二つの問題

失敗すればそれまでであったが、予想を上回る成功をおさめたため、主催者としてはいやおうなしに次回、つまり一九八九年も開催せざるを得なくなった。

かねてから心配されていたことが二つあった。一つは、はるばる遠くから来る外国勢がそれに見合う売り上げをあげてくれるかどうか、という益富先生からもご注意のあった点だった。これについては、万一の場合、主催者側で買い上げることも覚悟はしていたが、幸いそれは杞憂に終わった。

第二点は、外国人に直接販売されては、国内業者が困るのではないか、という点があった。これは、たとえば、筆者のところで扱っているようなマニア向けの標本は一点かぎりの品が多く、問題は少ないが、大量に出回っている一般標本では、外国の人とくに原産地に近い人がバーゲンセールをやることは可能である。また一般に化石標本は少種類多売の傾向があり、上記のような心配が当てはまりやすい。この問題はいろいろな側面を見なければならず、第一点のように単純ではない。フェアの主催者側としては、市場の活性化と拡大という大きなプラスのためには、ある種のマイナスはやむをえない。またこれは年一回の行事なので定常的な効果ではない、という釈明であった。ところが、後の点に関しては、こちらの見通しが甘いことが近頃になってわかってきた。会に参加した一部のドイツ・ディーラーがその後単独に来日して、大量の化石を持ち込み、フェアの時に知った日本のコレクターに直接売り込む事態が出てきたのである。フェアの会場内でも、マナーに欠ける点の見られたドイツ・ディーラーがあったが、彼らは今やその営業の目標を日本にしぼってきたらしい。そうなると、フェアの参加は市場調査のための手段ということになり、彼らの商売の影響は定常的につづく可能性がある。この問題はさらに考えていかなければならない。

さて二回目をどうするか

物事は最初より二回目の方がむずかしいことがある。第一回はとにかく開くだけで良かったが、第二回となるとすべてを予測して織り込まなければならず、主催者側としては、より細心の準備が必要になる。

第一回の成功を知って多くの新規参加者が見込まれる。するともっと広い会場に変えて開催するのか、という問題がまず検討をせまられる。思うに、参加者が大巾に増えたからと言って、入場者が同じく大巾に増えるとは限らない。市場が実際に大きくなるまでは背のびをしない方がいい。より広い会場を探すことも実際には困難である。鉱物フェアの人気を聞いて、私の方でやってくれという注文がいくつかのデパート筋からあったが、手数料を二割も三割も取るデパート商法は論外である。結局、第二回は同じ会場で、同じ時期(六月二日~七日)に開催することを決定している。

会場の内部配置は大巾に変更される予定であり、これに伴って、外国勢の優先度は少なくなるだろう。会場の照明や設営なども改良を期している。特別展は今年の金鉱に代わって「隕石《いんせき》」を計画している。今年の参加者がすべて来年も参加すると、新規の受け入れが出来なくなるし、一方、海外からの参加希望者は急増する気配である。対策として、総テーブル数の増加、一社当たりテーブル数の減少が考えられている。フェアの内容をより充実していくことが大前提であるので、スペースの制限もあり申込を全部機械的に受け入れられないかも知れない。海外でも一国の集中、化石への集中などをさけて、世界中の各国から色とりどりの石が集まるようにしたい。

実行委員会を悩ましているもう一つの大問題は、第一回が結局は赤字に終わって、主催者三社でそれを分担負担したことである。これでは十分の活動が出来ない。本当を言えば、常任を置いてしかるべき事業である。この問題は目下検討中であるが、なかなかむずかしい。

特別展はさらに充実させる方針であるが、この他にも、石を売るだけでなくて、何かもっと別の面を打ち出したい。一つのお祭りというか、石のフェスティバルのような方向にもっていきたい。今、世界の標本業界の熱い眼が日本に注がれている。ドイツのミュンヘン、アメリカのツーソンのような国際フェアに育てることは可能かも知れない。しかし、新しく、日本で、築いていくのだから、同じものではなく、金満国、金一辺倒の日本であるからこそ、商売以外の面を打ち出していきたい。

こんなことを考えていると、ますますフェアのために身動きが取れなくなって、筆者はドンキホーテの様になってしまうだろう。第二回はどうするか、心配のタネはつきない。

（『地学研究』一九八六年）

（以後、今日まで東京国際ミネラルフェアとして毎年六月に開催されている。）

パート4　誕生石の謎

ざくろ石

ざくろ石（ガーネット）は、宝石のほうでは一月の誕生石になっている。暗赤色《あんせきしょく》透明の石で、アルマンディンまたはパイロープと呼ばれる種類である。宝飾品として特に女性にはおなじみのこうした赤いざくろ石とは色の全く違うざくろ石がたくさんあって、各種の分野で利用されている。皆さまの家庭の中にも、赤くないざくろ石があるかもしれないし、あなたが採集してきた石の中にも、もしかすると、白いざくろ石がはいっているかもしれない。

ざくろ石は、一種の鉱物の名前ではなく、一群の鉱物のグループ名で、そのざくろ石をつくっている珪素《けいそ》以外の主要な元素によって種名がつけられる。マグネシウムとアルミニウムからできているものをパイロープ（苦《く》ばんざくろ石）、マグネシウムの代わりに鉄が入っているものをアルマンディン（鉄ばんざくろ石）と呼ぶ。さらに宝石のほうでは、色の差異によって、いろいろの亜種名《あしゆめい》がついているので、それらを合わせると十以上になってしまう。鉱物や宝石を専門に勉強するのでなければ、そんなにたくさんの名前を覚える必要はない。赤いざくろ石はざくろ石のほんの一部だということがわかっていればよいのである。

「紙ヤスリ」という商品がある。茶色のものはざくろ石を使用していた。最近は、茶色のものはほとんどなくなって、黒色のものが多く出回っている。黒色のものは人工品で、ざくろ石ではない。人工のざくろ石も化学工場で製造されている。透明で無色のざくろ石である。イットリウムやガリウムなど、天然のざくろ石にはない特殊な元素を含むもので、用途は元来エレクトロニクス用であったが、ダイヤモンドに似た美しいものができたので、人工宝石としても市場に出ている。美しさが見た目に同じであれば、人造でも天然でもかまわないし、だいいち、値段が数千分の一以下である。その分だけデザインや貴金属にお金を掛ければ、同価格の天然ダイヤ製品よりいっそう美しい宝飾品が手に入っておつりがくる。西欧の人々はこのように考えているので、無色透明の合成ざくろ石はどんどん売れている。それが日本ではさっぱり売れないのである。にせダイヤなどはめていては、私のこけんにかかわるということらしい。

水石《すいせき》などの市場にもざくろ石が出ることがある。かつては、茨城県山ノ尾の赤いざくろ石、福島県石川の褐色《かっしょく》のざくろ石、信州和田峠の黒いざくろ石、富山県黒岳《くろだけ》の茶色のざくろ石、山口県上保木《かみほき》の緑色のざくろ石が売られていたことがあったが、今はどこも絶産状態なので、昔の石がまれに出る程度である。

国外のものでは、オーストリア・チロル地方の黒雲母片岩《くろうんもへんがん》の赤褐色《せきかっしょく》のざくろ石、カナダの淡褐色のざくろ石、ロシアやイタリアの緑色のざくろ石が標本店や宝石店に出ている。

以上の内外の各産地のものは、色こそ違うけれども、皆母岩《ぼがん》中に十二面体または二十四面体のコロッとした結晶が付いているもので、ざくろ石であることがわかりやすい。しかし、アルミニウムとカルシウムを主成分とするグロッシュラー（灰《かい》ばんざくろ石）と呼ばれるざくろ石は、目に見える結晶をつくらず、塊状《かいじょう》であることがままある。南アフリカには、この種のものでピンクや緑色に着色した塊状半透明のものがあって、わが国にも輸入されている。緑色のものはトランスヴァール・ジェードと呼ばれて、あたかもヒスイの一種であるようにして売られることがある。実は国内でも、ヒスイ（硬玉《こうぎょく》）やネフライト（軟玉《なんぎょく》）だと思われている石のなかには、相当この種のざくろ石が含まれているのである。三重県伊勢市のもの、および、新潟県糸魚川市の石を依頼によりエックス線分析装置で分析調査したことがあった。いずれも持ち主は、ヒスイかネフライトであることに大きな期待を持っていた。分析の結果、残念ながら、どちらも期待はむなしく終わった。伊勢のものはざくろ石と緑泥石《りょくでいせき》、糸魚川のものはざくろ石と透輝石《とうきせき》の混合物であった。

蛇紋岩《じゃもんがん》の分布している地帯に、白色ないし淡緑色の塊《かたまり》で相当硬い石が見つかる。色と形と硬さからヒスイかネフライトと思われがちであるが、実は右の例のようにざくろ石である場合が多い。特徴は、硬すぎること(手指にざらつく感じ、ガラスに容易にキズがつく)、こわれやすく、わりと軽いことで、肉眼的にも区別がつくが、こうしたざくろ石のあることを知らないと、とんだ思い違いをすることがあるかもしれない。

紫水晶

紫水晶は、宝石のほうでは二月の誕生石になっている。比較的安価で、特有の美しい色彩を有するため、宝石として普及しているほか、鉱物標本としてもおなじみの石である。

英語ではアメシストという。何かきれいな植物か花の名前に由来するのかとも思うが、実はギリシャ語で「アルコールのない」という意味のアメテュストスという言葉が語源である。

古代ローマでは、紫色の石は二日酔いの防止に役立つと信じられていた。そういえば、バーやキャバレーの女性は、紫水晶の指輪をよくはめている。古代ギリシャの習慣を研究した結果なのだろうか？

紫水晶に薬物的効果を認めたのはギリシャ人ばかりではない。中国では、紫水晶からつくられた薬をめぐって一大社会問題が起こっている。

魏晋《ぎしん》の何晏《かあん》という人が、強壮強精の特効薬として寒食散《かんしょくさん》別名五石散《ごせきさん》という薬を発明した。服用中は冷たい食物しか食べてはいけないことから寒食散といわれ、紫水晶をはじめ五種の石を処方するので五石散という。非常な卓効《たっこう》があったといわれるが、服用中に温かいものを食べたり、用量を誤ったりすると、発熱悪寒し、ついには苦悶狂状を呈し、死に至るという奇怪な薬であった。当時の上流人士の間に燎原《りょうげん》の火のごとく広がって、ために中毒死するものが続出、百年間にわたって中国の社会に影響を与えたという。

寒食散に含まれる五石とは、紫水晶・白水晶・赤石脂《しゃくせきし》、鐘乳《しょうにゅう》・石硫黄《せきいおう》で、さらに動植物質のものが加わっている。紫水晶を服用しても体内で消化吸収されることなく、また、シリカが人体に有用だという話もない。紫色が高貴の感じを与えるので、心理的効果のために主剤に用いたのではあるまいか。いずれにしても、紫水晶は、服用するよりも鑑賞するほうが無難である。

紫水晶は、金属鉱山の脈石《みゃくせき》中に産出することが多く、秋田県荒川鉱山や新潟県綱木《つなぎ》には良品を産した。安山岩《あんざんがん》中に産する宮城県小原《おばら》も有名であった。現在いずれもほぼ絶産である。もしそうした品が売り物に出ていたら、昔の石で、今では貴重品である。戦争中は、朝鮮半島から紫水晶がたくさん日本に持ってこられた。色・光沢・透明度いずれも二級品であるが、大形結晶が多く、時折市場で見掛ける。

現在観賞用として入荷している紫水晶は、ほとんどブラジルのリオグランデ・ド・スール州か、隣接するウルグアイからのものである。玄武岩《げんぶがん》中のすき間にできたもので、およそ長球状をしており、壁は石英《せきえい》でき、その上に紫水晶が群生し、中心は中空で、時に水が溜まっている。大形のものは内部に人が入ることもできる。商品としては球体を割って、三〇センチから一メートル位の大きさになっているが、紫水晶を内側にして求心的にそっているので、球体の一部だったことがわかる。時折赤褐色《せきかっしょく》針状のものが入っているが、これは針鉄鉱《しんてっこう》である。

日本の小原産のものは、液体が入っていて、その中の気泡が水晶を動かすと移動する。東京の科学博物館や富士宮の奇石博物館で、こうした珍品が展示されているのを見た。

紫水晶の紫色は、合成実験などから、含有されている鉄イオンが放射能を受けて、その電子の状態が変化したものであることがわかった。宝石用として使われるローデシヤ産のものは、花崗岩《かこうがん》中の産出で、他の産地のものよりも日光によって退色《たいしょく》しやすい。すべての紫水晶は、加熱すると茶色等に変色する。この性質を逆用して人工の黄水晶《きずいしょう》を作り、「シトリン」や「トパーズ」と称して売られている。一方、合成の紫水晶も登場してきた。紫水晶と人間との関係はまたややこしくなりつつある。

血石

春も近く、石探求の同人も、山や川へ思いを寄せ始める季節ではある。それぞれの目星をつけた場所で大苦心の末、快心の一石に行き当たったあの感動を再びものにせんと、計画を練っている読者もおられるだろう。

東北の石友A氏は、昨秋、県南のある谷川で採った玉髄《ぎょくずい》質の丸石を出して手にとってみた。赤褐色《せきかっしょく》の地色に黄土色《おうどいろ》の同心円の模様が無数に入って、他の人の蔵品には見ることのない名石である。そう思いつつ、手の上の石に目をやると、なにか少し色の冴えが減じられてきたように見える。

川にあった時は本当に美しかった。乾くと色艶が失われるようなので、紙ヤスリでこすってみた。しかし、受け付けない感じなので、透明なニスをスプレーしてみた。今度は濡れていた時の色が戻ってきたが、石の輝きとは別のやや下品なてりが出て、石の風格が損なわれてしまった。時間がたつと、ニスの層が気のせいか濁ってくる。

わが国の山や川で採れる美石《びせき》は、玉髄質のものが圧倒的に多い。A氏と同じ体験をもつ読者も少なくないと思われるので、玉髄質の石とその処理について大略をみることにしたい。

玉髄は、旧名を仏頭石《ぶつとうせき》、英名をカルセドニーという。水晶と同じく珪酸《けいさん》と酸素からできている石英《せきえい》の一種である。水晶は、石英の肉眼的な結晶で、大きいものでは一メートル以上になる。六方石《ろっぽうせき》ともいわれるぐらいで、六角柱状、先がとんがっている。玉髄は、同じ石英でも肉眼的には常に塊状《かいじょう》で、結晶は見えない。

しかし、切断して薄片をつくり、高倍率の顕微鏡で見ると、針か糸のような細長い結晶が束になって集合している様子を見ることができる。

この微小な細長い結晶を調べてみると、六角柱状ではなく、ほぼ四角柱状になっている。水晶ののびる方向とは直角の方向にのびた結晶なのである。

この四角針状《しんじょう》の顕微鏡的な結晶が集合したものが純粋の玉髄である。ふつうは、この針状結晶間のすき間に種々の不純物が入っている。その代表的なものは水で、結晶の針と針の間の微細なすき間に毛細管現象で吸い付けられている。

すき間にオパールが入ることもある。その量が多いと、玉髄とオパールの中間的な石ができる。粘土質のものが混入することも多い。そのような石を碧玉《へきぎょく》（英名ジャスパー）と呼ぶ。島根県玉造《たまつくり》の碧玉は、古くは風土記にも記述があって著名である。濃緑色で良質である。赤色種のものは、佐渡の赤玉《あかだま》を代表として各地に産出する。

玉髄質が多いと上質であるが、粘土分が多いと研磨《けんま》効果が悪く、庭石向きになる。割れ口が磁器のようなのは上品で、土器のようなのは下品である。硬度も、純粋な玉髄は六・五ないし七ちかくあるが、不純なものではずっと軟らかい。

軟らかくて、水を吸うような石は研磨してもむだなので、そういう石は、盆景《ぼんけい》に組み合わせるとか、水盤《すいばん》に入れるとか、水分のある環境に置くとよい。水槽の中に入れてもいい。硬めの石は研磨に向く。研磨の工程には特別なことはない。仕上げの艶出しには、ふつうは酸化クロム粉末を用いる。これは濃緑色で、割れ目やキズに入るとなかなかとれない。緑色系の石なら問題がないが、他の色の石だと、残った酸化クロムが目立って困ることがある。その場合には、酸化クロムは使わないで、代わりに酸化セリウムを用いるほうがよい。「セロックス」などの商品名で販売されているもので、酸化クロムよりは高価であるが、色がベージュ色なので、少々残っても目立ちにくい。

ニスやクリアラッカーのスプレーは、いちばん手軽であるが、石の風格を損なうのでやめたほうがよい。ただし、外観は似たようなスプレーだが、パステル画の保存に用いるフィクサーという品が画材店で売られている。これを何回かにわけてスプレーしてみる。無光沢の皮膜ができて、色も冴えて、ニスよりましである。

玉髄質の石の代表格はめのうと血石《けつせき》である。血石は、暗緑色の玉髄の中に赤色の酸化鉄の斑点が散在しているもので、研磨すると独特の魅力がある。

日本にはめのうや碧玉は各地で産出しているが、血石は知られていない。ちなみに、血石は、サンゴ・アクアマリンと並んで三月の誕生石になっている。国産の血石を探してみる……早春の夢としてどうだろう。

ダイヤモンド

四月の誕生石は、いわずと知れたダイヤモンドである。

母岩《ぼがん》付きのダイヤモンドはひじょうにまれである。カラット級の美しいダイヤの結晶が入ったキンバレー岩を机の上に置いておくことができるのは、デビアス社（世界最大のダイヤモンド会社）の社長ぐらいのものだろう。

もっとも、近ごろ、宝石店のなかには、数ミリのダイヤの結晶のついた岩石を一〇センチ大の透明プラスチックに埋め込んだ品を、母岩付きのダイヤモンドと称して店頭に飾ってあるところがある。しかし、これはニセ物なのである。岩石に小さなダイヤの粒を接着し、これをプラスチックに埋めたもので、メイド・イン・香港であると聞く。

ダイヤの母岩キンバレー岩は充分に粉砕され、中に含まれるダイヤの粒は母岩から離れて分離する。これを回収するというプロセスを大規模に行っているのがダイヤモンド鉱山なので、したがって、母岩付きのダイヤモンドは得られないシステムになっている。ただ世界有数のダイヤの産地旧ソ連では、母岩付きのダイヤモンドを多少回収して販売していた。五センチ大の岩石に三ミリ大のダイヤの結晶の付いた標本を入手したことがあるが、約一〇万円もした。

小粒でもダイヤはダイヤで、岩石中に燦然《さんぜん》と光輝を放つさまは見事なものに違いない。そんなダイヤがたくさんちりばめられた人頭大の石をぜひ入手したいものだ、金に糸目はつけない、こういう豪気のかたが読者中にもいらっしゃるかもしれない。ところが、これはあまりお勧めできないのである。

ダイヤの天然の結晶が道端に落ちていても、拾っていく人は少ないだろう。「ルリもハリも磨かざれば光なし」というが、ダイヤに関しては全くそのとおりなので、ブリリアント型にカットすることによって初めてダイヤの魅力が生ずるのである。母岩のキンバレー岩は、灰色の見ばえのしない岩石であり、その中に数ミリのガラス片風のものが入っている品物に大金を投ずる篤志家は少ない。

真に貴重なものはつつましくふるまう傾向があると思う。素人が金と思って鑑定に持ち込む石は、大抵は黄鉄鉱《おうてっこう》、黄銅鉱《おうどうこう》、雲母《うんも》のうちの一つなので、真の自然金である場合はまれである。ピカピカと金色に光っているのは前記の三種で、金は鈍い光を放つ。ダイヤモンドの結晶より水晶のほうがよほど輝いて見える。結晶といえば、金もダイヤモンドもその天然の結晶が丸みを帯びて、鋭くとがった稜《りょう》のないことが多いのもふしぎである。角ばって、手の切れるようなのは水晶や黄鉄鉱と相場が決まっている。

強調しておきたいのは、結晶や鉱物の性質というものの本質的な性格である。たとえば、岩石が川中で転々とした結果、何かの形に見えてくる、これは二次的な性質である。また、形をよくするために人間がけずったり、酸で溶かしたりする、これは三次的現象ともいえよう。

これに対して結晶の性質は一次的なものであって、世界じゅうどこに産出する金やダイヤモンドも同じ性質を有している。そして、鉱物の性質を一〇〇%解明することは、人間には不可能である。結局は宇宙の本質ということになる。本当のところは神様に聞くよりしかない。そのようなわけで、自然科学というものはなまじの神学よりはよほど宗教的なものであると筆者は考えている。

だから、ダイヤモンドの入ったキンバレー岩は、見掛けは貧弱であっても、深い宇宙の神意を啓示しているとみることができる。水晶や雲母には神意が少ししかないということではもちろんない。

ダイヤは、地下一五〇キロメートルを越える深い所でできたものなので、地球内部に関するインフォメーションの伝達者として特異の存在なのである。母岩付きのダイヤは、このように貴重な標本なので、大金を投じても少しも惜しくない。惜しいのは、日本株式会社にはこの価値を理解して購入し、博物館へ寄贈する「篤志家」がいない点である。

エメラルド

五月の誕生石はエメラルドである。昔、キリスト教の高僧や貴族たちは、毎月異なる宝石を身につける習慣があった。石はそれぞれ宗教的な意味をもち、聖書や外伝に出典を有していた。

現行の誕生石は、ヨーロッパの宝石商の組合がそれにヒントを得て、一九世紀に設定したものが基礎になっている。宝石は売りやすくなったが、宗教的な意味は全くなくなり、元来は多少加味されていた季節感も大方は失われてしまった。それでも、五月の誕生石エメラルドは季節とよくマッチしている。輝かしい新鮮な緑色を生命とするエメラルド。この石にふさわしい月は五月で、それ以外の季節は考えられない。

宝石の女王ともいわれるエメラルドが母岩《ぼがん》中に入ったものは鉱物標本中でも最も高価なも

のとなる。安い品がないわけではない。それらは分離した結晶を岩石に接着した品であり、鉱物標本としての値打ちはない。良心的な売り手は接着品であると教えてくれるはずである。

余談になるが、ウラル産の立派なエメラルドの置石が盗難にあった事件があった。落胆した持ち主は、時価数億円の品とややオーバーに発表した。それが新聞に報道されると、持ち主は、警察ばかりか税務署の取り調べも受けて、大いに弱ったということである。

いま市場に見られるエメラルドは、コロンビア産かブラジル産のものである。コロンビアの母岩は、灰色のやや厚板状に割れる性質があり、ところどころ白色の石灰岩《せっかいがん》が入っている。割れ目に沿ってエメラルドの結晶がいくつかついており、黄鉄鉱《おうてっこう》の結晶も見られる。ブラジル産は、母岩の中に大型柱状のエメラルドの結晶が入っている。石灰岩や黄鉄鉱は見られない。時に紫色のほたる石がついていることがある。エメラルドは、コロンビアのものより淡色で、結晶が細長い。宝石としての価格は、一般にコロンビア産のほうが上である。

エメラルドという名前は宝石名で、鉱物名はベリルという。ベリルの和名は緑柱石《りょくちゅうせき》という。緑色で六角柱状をなすという、名は体《たい》を表す見本のようであるが、実は、純粋の緑柱石は無色透明、色がない。

エメラルドの緑色は、クロムやバナジウムという元素が不純物として微量混入しているために生じる色で、緑柱石にとって本質的な色ではない。だから、不純物の入り具合によっては、水色にもなるし、ピンク色にもなる。ピンクの緑柱石というとなんだか変だが、実際そうした石があり、宝石名をモルガナイトという。水色の種はアクアマリンという。このほかに黄色種もある。ゴールデンベリルという。淡緑色のものは緑柱石で、特別な名前がない。

エメラルドの標本に大金を投ずるのはもちろん結構であるが、日本産の緑柱石を集めることも、地味ではあるが、趣味としておもしろい。残念ながらエメラルドは日本にはない。あるのは、水色や淡緑色の系統と白色のホワイトベリルである。

緑柱石の産地をいくつか列記してみると、福島県石川郡石川町、福島県南会津郡只見《ただみ》町黒谷《たにじょう》城郭沢《かくさわ》、茨城県真壁《まかべ》郡真壁町山ノ尾、山梨県甲府市黒平《くろべら》、岐阜県中津川市苗木《なえぎ》町、佐賀県佐賀郡富士村杉山などがある（近年、地名変更があるかも知れない）。いずれも花崗《かこう》岩中の長珪石《ちょうけいせき》の掘場《ほりば》か花崗岩《がん》の晶洞《しょうどう》に六角柱状の結晶をして入っているもので、現在では大部分が採掘を行っていない。残されたズリ石中よりわずかに採集される程度で、良品は望みがたい。

ホワイトベリルのほうは、福岡県福岡市長垂山《ながたれ》などのリチウムを含むペグマタイト中に産出するが、ふつう結晶がなく、色も白いので、長石《ちょうせき》などと見分けがつきにくい。セシウムを含有する珍しい緑柱石であるが、見ばえがしない。

緑柱石は、コレクションの対象として捨てがたい魅力をもつ石である。ただ、立派なエメラルドは高価にすぎ、日本産の緑柱石はあまりに地味で、採集も思うにまかせない。

結局、お勧めできるコースは、ブラジル・パキスタン・マダガスカルなどの緑柱石・アクアマリンから始める方法で、これだと、万一の場合にも税務署から睨まれる心配がない。

真珠

六月の誕生石は真珠とムーンストーンである。どちらも白色を基調とし、上品ではあるが、やや寂しく清楚な感じがする。

真珠は、人類が最も古くから愛用してきた宝石の一つである。貝の中に玉が入っていて、そのままで宝石となるのだから便利だ。川や湖の貝にも真珠をつくるものがあって、古くから利用されてきた。しかし、何といっても真珠は海のものが本場であって、海洋国である日本は太古より湖と海の真珠にかかわりをもってきた。『古事記』などにシラタマ（白珠）という名前で登場する。

真珠は、数ある宝石中でも鉱物ではないということになっている。鉱物の本にも真珠はのっていない。確かに貝という生物体の一部であるから、岩石中に産出する鉱物という意味からは遠くはずれている。

真珠を分析して調べてみると、九〇％以上は炭酸カルシウムであり、それに数％のコンキオリンという蛋白質と水分が加わっている。炭酸カルシウムは無機質つまり鉱物質のものであるから、真珠は生物がつくりだした鉱物と言って言えないこともない。炭酸カルシウムを成分とする普通の鉱物には方解石《ほうかいせき》とあられ石（アラゴナイト）がある。真珠の場合には、アラゴナイトが主で、方解石も混じっているらしい。

元来、真珠は貝の中に寄生虫とか何かの異物が侵入した場合に、それから生体を守るために、真珠層で閉じ込めて隔離してしまおうという生体防御反応でつくられるのである。そしたがって、産出はまれであり、特上品の真珠は同重量のダイヤよりも高価であった。それが、御木本《みきもと》幸吉氏の努力によって養殖真珠が完成されて、今日では、できた真珠を価格調整のために海中に投じなければならないほど大量に生産されるようになった。

真珠の本質的欠点はその耐久性にある。アラゴナイトそのものは問題ないが、有機質と水が混じっているため、五十年ぐらいで変質して光沢を失ってしまう傾向がある。最近、真珠に弗素《ふっそ》コーティングをする技術も行われている。始まったばかりで実績はまだないが、耐久性を増加する効果も期待されそうである。

真珠をつくる貝には、アコヤガイ・マベガイ・アワビ・カキが海水貝で、カワシンジュガイ・イケチョウガイ・カラスガイが淡水貝として知られている。このほか、海水温の高い海域ではシロチョウガイ・クロチョウガイがあり、これらの貝にできる真珠は、アコヤガイのものにくらべると、大形のものができ、また、色調も異なる。アコヤガイの真珠は乳白色だが、シロチョウガイのものは銀白色に近い感じがある。アコヤガイのものがいちばん真珠らしい美しさをもつと思うが、養殖により大量生産されるようになると、もっと珍しいものへと人気が移っていく。

クロチョウガイにできる真珠にはシルバーグレーで大形のものがある。しかし、天然のものは珍品で品が薄い。当然値段もとびきりである。こうなると、それを養殖で大量につくろうと考える者が出てくる。実際、現在は石垣島にクロチョウガイの養殖場があって、養殖黒真珠が市販されている。

養殖黒真珠が成功すると、今度は、それをまねてもっと安い黒真珠をつくろうという野心家が現れる。白い真珠を黒くしようというのである。

真珠を黒くするためにはいま三つの技術が用いられている。①黒い染料をしみこませる。②放射能処理をする。③銀処理をする。

①は最も手軽な方法であるが、本物に近い色調が得られない。②は中心部が黒くなるが、肝心の表層部はあまり黒くならない。③は技術的にむずかしいが、うまく成功すると、本物並みの色調が得られる。

日本に真珠の銀処理を行う工場があるらしいが、銀処理をしましたと表示した黒真珠が店頭にないことも確かである。当然、これは、買手にとって危険性のあることを示している。

困ることに、厳密に鑑定するためには、蛍光エックス線分析装置にかけて、非破壊分析で銀を検出するしかない。ブタに真珠の組み合わせは昔のことで、いまはエックス線装置に真珠の組み合わせ。むずかしい世の中になったものである。

ルビー

日本は山国なので、交通網の整備にはトンネルの掘削《くっさく》が欠かせない。スイスと並んでその技術水準は世界をリードしはじめている。

山岳トンネルの掘削に当たって、昔から技術上のポイントは、両側から掘り進んできた切羽《きりは》がずれないで、山の中心のどこかで出会うことである。轟音《ごうおん》一発硝煙のはれるや、ぽっかりあいた穴の中に相手切羽の中が見え、お互いの責任者が歩み寄って握手をする。このようにうまくいけば開通式が祝われ、技術陣の株も上がるのである。しかし、長いトンネルでは方向が数度、数センチずれても数千メートル先ではとんでもないことになってしまう。

いまトンネルの現場に入ってみると、非常に細い一条の赤色の光条が、うす暗い中を一本の赤い糸のようにまっすぐとおって、その先端は切羽上方の一点に当たって、その岩石上に小さな赤い円を描いている。レーザー光線といわれるもので、その赤い光はルビーの結晶から発している。

光は直進するので、トンネルの入口にレーザー光線発光器を置いてレーザー光の光束《こうそく》を出させ、その先端が切羽の所定の位置に当たれば、このトンネルは一度のずれもなく直進していることが確認できる。電燈のようなふつうの光源だと、強く細い平行光束をうることができないので、入口に置いた光源で数千メートル先の切羽の一点を照らすことはできない。レーザー光線は月面までもとどくぐらいであるから、トンネルの切羽を照らすぐらいは初歩である。

うす暗いトンネル現場の内で、赤い糸のような条光が貫いている様子は、感銘的な光景である。ルビーという宝石から光が出ている点も、石を知っている者にはとりわけ興味ぶかい。

ところで、レーザー光線に利用するルビーは天然品ではない。ルビーは、アルミニウムと酸素とクロムという三種の元素からできていて、それらの元素を化学結合させてルビーをつくる技術も早くから確立されている。原料は安く、また、大工場でも量産しているので、合成ルビーのコストは低い。だから、レーザー光線用は合成品を用いる。

それに、発光能力も合成品のほうがすぐれている。工場でつくられたルビーは赤いドロップのような外観であるが、カットされ、台をつけられると、ルビーの指輪ができる。天然品にくらべてやや単調な美しさではあるが、ルビーにはちがいない。もっとも、最近は合成技術も進歩して、天然品に肉薄する合成宝石ルビーもできている。

鉱物標本としてよく見られるのは、タンザニアのルビーであろう。緑色のゾイサイト（灰《かい》れん石《せき》）の中に紅色のルビーが六角形の結晶で入っているもので、大きいものはその直径が十センチ以上もあり、緑と紅との組み合わせが美麗なので、置石としてかなり目立つ。ひところ、わが国にも大量に出回って、どこへ行ってもあるという状態だった。これは超塩基性岩が蛇紋岩《じゃもんがん》化作用をうけて変質する過程でできたものとされている。

地表の岩石が地下深所に沈下して、そこで高い温度と圧力の影響をうけて、結晶片岩《けっしょうへんがん》とか片麻岩《へんまがん》とかいわれる変成岩《へんせいがん》に変化する際にルビーが生ずることがある。このような成因でできたルビーは世界の各地で知られているが、ノルウェーのものは代表的な例である。白色で針状の珪線石《けいせんせき》、黒色粒状のルチルなどを伴っている。六角板状の結晶をしているけれども、ふつう一センチ以下で、タンザニア産のような大形のものはない。

また、一、二センチの六角柱状の分離結晶でマダガスカル産のものも出回っている。色は濃いが、透明感がない。その代わり、スターの出る石がときにある。結晶の底面にはちみつを一滴たらして暗い部屋でペンライトで照らすと、スターの出ることが認められる。

日本ではルビーの産地はないといっていいが、一応紅色系統のコランダムということなら、ないこともない。岐阜県の河合《かわい》村にはそれらしいものが発見されている。美しいものではなく、鉱物標本の枠を出ない品である。

それに、赤色系統のコランダムはかならずしもすべてがルビーではない。赤色のコランダムをルビーというが、サファイアのほうは青にかぎらず、赤色以上の色調のものはサファイアにはいる。宝石業界ではピンクのコランダムはルビーと呼ばず、ピンク・サファイアと呼ぶのが本当なのである。

サードオニックス

サードオニックスは、八月の誕生石で、夫婦の幸福の意味をもつ。サードオニックスは、赤と白のしまめのうのことである。

めのうは、もっともポピュラーな美石《びせき》で、とくにわが国のような火山国には産地が多い。めのうについて語るべきこともまた多い。考古学上の問題、仏舎利《ぶっしゃり》伝説にからむ上代史の問題、水入りめのうの水の秘密等々。

福井県遠敷《おにゅう》郡遠敷は、めのうにゆかりの深い地名である。福井といっても京都市の北方で、日本海に近い。今は小浜《おばま》市に属している。往時日本海側が「裏日本」でなかったころは、交通・交易の要地として若狭《わかさ》の遠敷は名高かった。

この地でめのうの加工がはじめられたのは享保元年（一七一六年）と伝えられている。

石川県から福井県にかけての日本海沿いにはかなりのめのうの産出がある。海岸の砂利の中にめのうが混じっているのは今でも珍しくない。昔は立派なものが海でひろえた。遠敷は産地ではないが、近くに産地がいくつもあったのである。「若狭めのう」の名前で遠敷のめのう細工は有名になり、全村をあげて加工に従事するようになった。

一般にめのうは山や川でとれたばかりのものはあまり色が美しくない。ところが、その灰色の石をうまく加熱処理すると、紅赤色に発色して美しいめのうとなる。それを炉入れというが、ここに加工技術のポイントがあって、他所ではなかなかうまくいかない。めのうは遠敷に限るということになったのである。

話が西洋にとぶが、ドイツ国ライン地方にイダーとオバーシュタインというつながった二つの町がある。山と清流のある美しい土地のうえに、ここはめのうとアメシストの産地でもある。そして、めのうの加工では今日まで四百年の歴史をもつ。

東西の二つのめのうの町をくらべてみよう。

わが若狭の遠敷は全国的に知られるようになり、めのう原石も北海道から取り寄せ、発展しながら明治時代に至った。ところが、明治に入ってから、新興の石加工の町甲府が競争相手に登場した。甲府は元来、地元の水晶を加工する技術から発達したのであるが、水晶よりむしろ手広くいけるめのうに着目したのは当然のなりゆきだった。炉入れの秘伝もいつしか甲府にも伝えられ、こうなると、資本力で遠敷は甲府に及ばない。

工芸品クラスのものでは明らかに遠敷のほうがすぐれている。しかし、営利上は安物を量産するほうが商売になるので、遠敷の町は甲府に市場をうばわれて、その後衰退の一途をたどった。「若狭めのう」の名はすたれ、遠敷といっても知る人は少ない。「おにゅう」というむずかしい読み方も今は通用しにくい。福井県小浜市の一字名《あざな》になってしまった。

一方のイダーとオバーシュタインはどうなったのか。ロシアのエカテリンブルグ帝室研《けん》磨《ま》工場へ技術者を派遣したりして、腕を磨き、現在では世界最高の技術水準をほこっている。イダーとオバーシュタインでは一万人をこえる人々がダイヤモンドからめのうに至るあらゆる宝飾産業に従事している。宝石・美石《びせき》加工の世界の中心地である。世界じゅうの石が集中して、また世界じゅうへ散じていく。

甲府は遠敷を追い越して、イダー、オバーシュタインに次ぐ宝石産業の中心地になったが、しかし追い抜くことはできない。それどころか、最近は発展途上国に安物競争を仕掛けられて立場が悪くなるばかりである。

甲府の郊外に宝石団地といって、加工業者が集まっている所がある。ここを見物すれば、甲府の問題点は一目で瞭然となる。

どの店も同じような安物を作っていて、まるで個性がないのである。イダーではそんなことはない。筆者は何回も行っているが、一軒一軒みんなちがうのである。それぞれのユニークさがある。

甲府は遠敷を追い越すときに、一応の技術は習得したが、真の奥儀《おうぎ》はこれを受けつがなかった。表面的な技術は開発途上国に容易に流れていく。かつて遠敷から甲府へ来たように。そして今、甲府は自分の立場を失おうとしているのである。

サファイア

美しい色彩をもつ石は数多い。宝石・貴石《きせき》といわれる石は、どれも魅力的な色をもっている。石の色の中でいちばん美しいものは？　と聞かれたら、皆さんはどうお答えになるだろう。

サファイア、その典型的な色は矢車菊の青、落ち着いた深い色合の中に大胆な華やかさを秘めている。

サファイアという名前も実に美しく響く。名は体《たい》を表すというが、石の名前でも、このぐらい名前のイメージと石のイメージが合致する例は少ない。ところが、手放しで感心しているのは、実は早計なのである。

歴史をひもとくと、古代・中世にサファイアの名前で呼ばれていた石は、今日のラピスラズリ（青金石《せいきんせき》、るりともいう）なのだ。現在の青色コランダムに用いるのは一八世紀以降であるという。ラピスも確かに青い石であるが、色感はずいぶん違い、だいいち不透明石である。ラピスは、今日ではサファイアより社会的な地位が下であるが、古代・中世となると、その美術史はラピスの影響を抜かしては成り立たないぐらい、ラピスが重要で、今のサファイアは目立たぬ存在だった。

日本人は「信号ガ青ニナッタラ進メ」といい、一方では「緑ノオバサン」という。文明が未発達な国では、青と緑を一緒に表す傾向があることが知られている。赤ちゃんは、最後に青と緑の区別ができるようになるという。

ところで、鉱物の世界は色彩豊富であるが、青色の石はわりと少ない。種類も少ないし、産出量は特に少ない。黄・赤・茶・緑・紫の色調の石にくらべて、青い石の希少性ははっきりしている。この点に着目して、人間が青色の識別を苦手とする原因は鉱物界の青色の乏しさにあるという説をとなえた人もいる。

日本でも、黄・茶・赤・緑の石はたくさんあるが、やはり青色の石は少ない。ラピスは全く産出しないし、藍銅鉱《らんどうこう》・青鉛鉱《せいえんこう》など、外国ではわりとポピュラーな青い石も産出がまれで、少量である。右の学説に従えば、日本人の青と緑の混乱も当然ということになる。

古代のサファイア、今のラピスは、わが国には一片も産出しない。また、将来発見される可能性もまずない。今のサファイアのほうはどうか。こちらのほうは産地はいくつかあることはある。

七月のルビーのところで述べたように、紅赤色以外のコランダムはサファイアと呼べるので、灰色だったり、また、何色と呼ぶか見当のつかぬような曖昧な色調のコランダムまで含めると、産地の数は十指に余る。

岐阜県恵那《えな》郡蛭川《ひるかわ》村の北側に薬研山《やげんやま》という小さな山がある。山中に鉄雲母《てつうんも》の産地があって、第二次大戦中にはいちじ採掘されたことがある。この鉄雲母の中に入っているサファイアは、日本ではいちばん立派なものである。六角板状で、大きいもので直径一センチ、研磨《けんま》して指輪にすることはできないが、そのままを金属にはめこんで飾り物をつくると、意外におもしろいものができる。

しかし、これも最近では産出が少なくなって、現地へ行っても手ぶらで帰る人が多い。サファイアもラピスも日本はダメで、青い石から見放された格好であるが、実は、きわめて美しく、きわめて珍しい青色透明の石が日本に発見されたのである。ただ量はきわめて少ない。

鹿児島県三島村硫黄島《いおうじま》といってもピンとこないかもしれないが、別名は鬼界ヶ島《きかいがしま》という。絶海の孤島であり、硫黄岳《いおうだけ》は毒気をふき、山腹には黄色の硫黄が一面に昇華し、昔の流人《るにん》たちは、この世のはてにある地獄の一丁目に来たと思ったにちがいない。

この硫黄島の岩石の中に青色の美しい小結晶が発見された。まだ数年前のことである。研究の結果、これは、レダー石という珍しい鉱物で、天上の隕石《いんせき》中に発見されているが、地球上ではそれまで発見されていなかった。

青い石は日本には少ないが、宇宙で発見された珍しい青い石は日本にある。日本はそういう国なのである。

ところでサファイアの名称について、鉱物界と宝石界とでかなりの違いがあるので、誤解を防ぐため追記しておきたい。

鉱物学では青色のコランダムをサファイア、赤色のものをルビー、色のはっきりしないものについては単にコランダムとしている。

宝石界では、真紅の石のみをルビーとし、ピンクの石はピンク・サファイアとする。その他の色のものはすべてサファイアである。

宝石界でのみ使われ、鉱物の方では使われない名称もある。その例は、パパラチア・サファイアと呼ばれる石で、黄色系であるが、何色とも形容のむずかしい微妙で特異な美しさをもつ品もあり、人気が高く高価で取り引きされていた。

ところが最近バンコックで特殊な加熱処理を行い、ふつうのサファイアをパパラチアに変化させる技術が出てきた。また色のほとんどないサファイアを濃くしたり、濃すぎて商品にならない品を薄くする処理も実用化しているという。技術革新で、石ばかりでなく、人間の方も青くなってしまう時代になった。

オパール

冷たく輝くダイヤモンドといった宝石全般の印象の中で、オパールは、温かくてもやもやとして、それで美しい。

こういったところが、日本人特に女性の好みにぴったりとして、一頃オパールは洪水のように普及した。世界最大の産地オーストラリアの最大の得意先となったのである。特に関西人はオパールを好み、また、淡色で軟らかい感じの品が受けるという。

世界のオパールはオーストラリアとメキシコのものにほぼ独占されている。とくに日本の宝石市場に出ているオパールの九割方はオーストラリア産である。この国には多数の産地が三つの州に分布していてそれぞれ特徴がある。南オーストラリア州のものは量的にもっとも多く、また乳白色の地に赤や青や緑の色の点がきらきらと映りきらめく典型的な品質のものである。貝やベレムナイトなどの化石オパールもある。ニューサウスウェールス州に出るいわゆるブラックオパールは濃い青味のある生地をもち、人気があって価格も高い。またクイーンズランド州にはボルダーオパールというものが出る。これは枕（ボルダー）型の砂岩《さがん》のノジュールがあり、その中心部にオパールが入っている。色彩豊かで透明度も高いが、残念なことに研磨《けんま》に足りる厚みがなく、ふつう母岩《ぼがん》と一緒に磨かれて製品になっている。トリプレットといって薄いオパールをガラスなどでサンドイッチにして接着研磨した品がおみやげ用に多数並んでいる。そうでない一体のものはソリッドと言われ、価格のケタが異なっている。

オーストラリア産は貝を伴うことからもわかるとおり、海の中にあった地層が地質時代に沈み込み、熱水作用を受けて生成したものである。したがって、安定性が良く、他の産地のものよりも安心して使用できる。

第二の大産地メキシコの石は、日本へはあまり入ってきていない。ただ一、二センチに割った岩石の中に小さなオパールの入っている品はよく見掛ける。メキシコでは、安山岩《あんざんがん》の中に出て、産状も小規模なので、現地でハンマーで小割りしてしまう。そして、宝石として利用できるのをより取った残り屑《くず》が鉱物標本のほうへ回るのである。

大形の石は、その中に立派な宝石級のオパールが潜んでいるかもしれないので、それを岩石の値打ちで出荷することはしないのだろう。だから、メキシコ産は大形の石が入手しがたい。ただその細かい母岩を水中に入れて眺めると、かなり美しいのである。熱帯魚を飼う水槽の中に入れてみたらどうだろう。メキシコオパールの輝きと熱帯魚の色彩は案外マッチするかもしれない。

美石《びせき》級オパールは日本にもある。福島県宝坂《ほうさか》のオパールは中でもよく知られている。市販の道路地図にも「宝石坑」と出ているぐらいである。確かに宝石級のも産出するが、普通は乳白色のオパールである。

ここのは外見がおもしろい。小はクルミ大、大は鶏卵大の球形をしている。表面は黒っぽく、内部は卵の白身のようである。切断して円盤形のものを作って風呂場のタイルにした人がいた。これはグッドアイデアである。

最近は行っていないのだが、産地の鉱山の持ち主は、入山料を支払えば入れてくれるという。でも、最近の人々のマナーの悪さにあきれてしまい、今は歓迎していないとも聞く。

石川県小松市の郊外の赤瀬《あかぜ》という所にもオパールの産地がある。かつて一時期、採掘もされていた。ここのものは、ほとんどが白いオパールである。純白ではなく、青みをおびている。空色で透明感のあるものもある。球状にはなっていないので、母岩付きで任意の大きさのものがとれる。

近ごろは合成のオパールが商品化されている。日本、ロシア、スイス等で製造されている。またオパールはもろい宝石なので、リングの取り替えなどはしないことになっている。

（ここまで『愛石界』一九七九年）

この石がどうして十一月の石に指定されたか、よくわかっていない。大体、トパーズという言葉は紅海《こうかい》の島名から来ており、その島は火山島で良質のかんらん石《せき》を産出することで今も知られている。したがって本来のトパーズはクリソライト（かんらん石の宝石名）であった。

トパーズ

トパーズは濃黄色透明の宝石として店頭に並べられている。弗素《ふっそ》と水酸基を含むアルミニウムの珪酸《けいさん》塩化物であり、典型的な産状は花崗岩《かこうがん》ペグマタイト中に結晶になって出るものである。日本にも出るし、ポピュラーな鉱物であるが、最大の産地国はブラジルである。

たいていは、トパーズは無色透明ないし、淡青色、淡褐色《たんかっしょく》をしている。例外的にブラジルの鉄鉱山中のものは濃黄色になっており、これを特にインペリアル・トパーズと称して珍重される。かつてブラジルではアメシストを加熱して、黄褐色《おうかっしょく》をつくり、これをシトリン・トパーズという商品名で広く売り出した。日本の宝石業界ではわざとシトリンを略したり、説明しなかったり、本物のトパーズの隣に置いたりして、不公正な商取引が行われたうたがいがあった。

ところで、ここ数年、ブルー・トパーズが流行してきた。一部の人はトパーズは青い石と思いはじめたらしい。この青いトパーズを出始めのころ手にはめた人々の間に急性の火傷がトパーズの真下に生じて問題になった。

実は、無色のトパーズに強い放射線を当てて、濃い青色を作り出したので、その残留放射能が火傷の原因だった。最近は石を一定期間保管して、放射線が出なくなってから出荷されているという。イギリスの宝石業者がアメリカのお金持の女性に売りつけるために色々なこわい話を創作したスミソニアン博物館のブルーダイヤモンドより余程恐ろしい話である。

天然にもブルーのトパーズは産出する。標本としては美しいが、小さなカット石にしてしまうと、「これがブルー?」という程度になってしまう。しかも自然のブルーのトパーズは日光や蛍光灯から出る紫外線の作用で退色《たいしょく》してしまう。防止策としては暗所に保存するにかぎる。もっとも退色したら放射線を照射し復色させるという手はあると思われる。

トパーズは唯一国産のある宝石鉱物であり、色は別として安定性も問題はない。もし自分の女性にエンゲージリングをプレゼントしたければ、国産のトパーズを研磨《けんま》してもらってリングに仕上げるのが理想的なケースとしておすすめしたい。

これなら絶対にニセ物や合成石や処理石ではない。ブリリアント研磨されたトパーズに金の台を付けた輝きはダイヤモンドよりも優しさがあって、むしろ日本人に合っている。ハネムーン等で海外へ行って、もし人に聞かれたら、これは日本のトパーズで自分でデザインして作ったのよ、と答えればよい。相手は、この人は知性があり、成金ではない豊かな日本人と思ってくれるかも知れない。

Be try it!

トルコ石

この石の名前はいつからかわからない位に古くからあるが、べつにトルコに産出する訳ではなく、トルコを経由して西へ輸出されたためである。モスクワ石（白雲母《しろうんも》）がモスクワ産でなくて、ウラル山脈産をモスクワへ集めて西方へ売ったのと同じことである。

ふつう宝石用の鉱物は酸化物や珪酸《けいさん》塩鉱物が多いなかで、本石は燐酸塩であり、主成分は酸素を除くと燐、アルミニウム、カルシウムで、他に銅をふくんでいる。この銅が特有の発色に結びついているらしい。

この石の色彩はターコイズ・ブルーといい広く使われている。とくにイスラム教の寺院に使われているこの色のタイルをご覧になったことがあるかもしれない。ただ、これらは似た色彩のタイルであって、本来のトルコ石《いし》ではない。

トルコ石自体はそれほど珍しい鉱物ではなくて、わずかながら日本にも産出例がある。しかし宝飾用に耐える品質と産出量があいまつ産地となると地球全体でもそう多くはない。そして石は取ってしまうとなくなるので、世界的産地も時代と共に変わりうる。

現在、トルコ石の主産地はアメリカのアリゾナ州とメキシコである。なかでもアリゾナの首都フェニックスの東方にあるスリーピング・ビューティ（眠れる美女）鉱山のトルコ石は最良の品質とされている。

私は数年ほど前にこの鉱山を訪問したことがある。古い銅山の跡で、鉱山の上部にあるトルコ石をふくむ地層をブルドーザーで掘りくずしていた。粘土質の母岩《ぼがん》と共に選鉱所へ運び、水洗いしながら選別していくのだ。アリゾナ南部の空の色はここに出るトルコ石の色とまるで同じであることを発見した。気が付くと私の足元にこの空の一片が転がっており、思わず手がのびて握りしめた。同行の案内人兼監視人がすばやくしまうように身振りで知らせてくれたので、急いでポケットに入れた。山から出た状態の石は売ってくれないのでこの一個は貴重品になり、図鑑に写真を出したりして大切にしている。

本来トルコ石は原石に特別の処理を加えずそのまま研磨《けんま》加工されていた。しかし良質の原石は次第に産出しなくなってきて、現在はスリーピング・ビューティ鉱山産の大半のもの、他産地の一部のもののみが、未処理で使用できるとされている。

では、その他の原石はどのように利用されるのだろうか。低品質のトルコ石には多くの細かい空所が含まれている。色も淡い。これに樹脂をしみこませる手法が広く利用されている。低品位のメキシコ産中にはほとんど白色のものもあり、業界で「チョーク」と呼ばれている。軽石のように軽い品もある。これらに樹脂浸透処理を行うと、たいていは色も出てくるし、研磨加工にも耐えるようになる。

天然のトルコ石とチョーク処理のトルコ石との間ではたいへんな値打ちの相違が当然にある。

プラスチックの量の多いものは比重が小さいし、摩擦してみると樹脂のにおいがする。しかし実際問題としてすでにジュエリーになって金属の枠が付けられた商品を自分で調べることはむずかしい。

ちゃんとした検査機関に頼めば、非破壊で識別することができる。問題はトルコ石が宝石として高価な方に入っていないため、識別代が出ないとして、不確実な品が出回っていることだ。

安い製品は樹脂処理品に決まっていると考え、手頃の価格とデザインの品を求めて、それから先は追及しない。もし本物のトルコ石を求めたい方は、信用のある検査証明書付きの品を求める、という結論になるだろう。

（ここまで二〇〇六年）

パート5　不思議な石の物語

砂漠のバラ

「砂漠のバラ」はサハラ砂漠など世界各地の砂漠で産出し、現地の土産物店でも入手できるが、マイナーな存在である。鉱物学の研究対象としても、あまり重視されていないらしい。『砂漠に咲く石の花のなぞ』といった本か記事があればいいのだが、ちょっと見当たらない。やむをえず、自己流の説明を試みることにする。

筆者は、これまでにいくつかの「砂漠のバラ」を見てきたし、写真に示した品は手もとにある。産地の調査をしたことがないのが大きな弱点だが、その映像は見たことがある。それにいわゆる科学的な常識を加味すると、次のようなことになるのではあるまいか。

まず「砂漠のバラ」の正体は、鉱物学的にはほとんどの場合、石膏《せっこう》の結晶の集合体である。石膏の化学組成は硫酸《りゅうさん》カルシウムと水で、骨折治療などに使うギプスは石膏を焼いて水分を一部飛ばして粉末にしたもの。建材や彫刻などにも用途は広い。石膏は、二九二頁の写真のように透明な結晶で産出するし、人工的に合成することもむずかしくない。このように石膏は水を含む鉱物であり、水のない砂漠でどうしてできるのかが出来方を解く鍵となろう。

砂漠には水がないというが、オアシスにはあるし、また砂漠の下部には豊かな水脈の存在が知られている。

オアシスのような所での石膏の成分を考えてみたい。オアシスの水には各種のミネラル成分が溶け込んでおり、なかでもカルシウムイオンや硫酸イオンは主要な成分である。地質学的な時間スケールで測ると、オアシスの寿命は短い。タクラマカン砂漠にあった伝説

「砂漠のバラ」。サハラ砂漠（アルジェリア）産。上下7センチ。

的な湖ロプノールは、数百年の間に消え失せてしまった。オアシスの寿命が尽きるとき、水分が蒸発して含まれるミネラル成分が過飽和となり、最後の水分が石膏中に固定されて「砂漠のバラ」が育成されていく。

やがて、砂嵐により小さな湖跡は一夜にして地表から消えてしまったかもしれない。何百年後か、何千年後か、それはわからないが、ある日、砂嵐が晴れると、砂漠の一角に突如「砂漠のバラ」が出現する。それは花畑とでもいうほどの大集積で、ほぼ水平な地層を形成している。

この大量にあって、取りほうだいというニュースをある商社が聞きつけ、産地にトラックを差し向けて「砂漠のバラ」収集大作戦を試みたとする。しかし、輸送部隊が到着すると、現地は砂嵐に覆われて「砂漠のバラ」の大集積は幻になってしまう、という公算が大きい。鉱物標本の市場に「砂漠のバラ」が常時出回っているわけではないのは、こうした理由ではないかと想像される。

では、次のなぞに挑戦してみよう。それは、なぜ「チューリップ」ではなく「バラ」になるのか、ということだ。

原則的に、自由な空間中で一点から多数の結晶ができるときに、あらゆる方向に一様に伸長すれば球体になる。実際、結晶が集合して球になった鉱物の例は多い。石膏の写真をもう一度ご覧いただきたい。大きく突出した結晶がほぼ球体の集合体から出ており、それらはすべて石膏の結晶である。自由空間で一点からあらゆる向きに結晶が成長すると球体になる、その見本の一つである。大きく突出した結晶のほうは、よく眺めると二個の結晶が向かい合うように接合していることがわかる。これは同時に二個体が成長したもので、いわば双子、専門用語で双晶《そうしょう》という。

二人がうまく協力すると二倍以上の仕事ができることはよく知られるが、この関係は鉱物の世界にも当てはまる。二個の結晶の先端部にへこみがあることに着目していただきたい。このような場所は、原子やイオンが普通

石膏の結晶。カナダ・マニトバ州産。左右9センチ。

の平面よりもより安定に落ち着きやすい。このため、へこみのない一個の結晶よりも成長のスピードが速くなる傾向が認められている。これを「双晶効果」ともいう。このように同じ場所での晶出《しようしゆつ》でも、いろいろな要因で形に変化が現れる。ただ「砂漠のバラ」の石膏の結晶は双晶らしくない。といって、まるで無秩序に集まったふうでもない。バラの花に見えるということは、何らかの秩序があるはずと思われる。

これまでは石膏製の「砂漠のバラ」について説明してきたが、実は「砂漠のバラ」の仲間は石膏の専売特許ではない。ある産地では重《じゆう》晶石《しようせき》製の「石のバラ」（バライト・ローズ）が知られている。

「石のパラ」（バライト・ローズ）。アメリカ・オクラホマ州産。左右4・5センチ。

重晶石は英名をバライトといい、名前からわかるようにバリウムを主成分とする鉱物である。化学組成は硫酸バリウムに相当し、硫酸塩の鉱物であることは石膏と同じであるが、水を含有していない点が違っている。

硫酸バリウムといってもなじみが薄いと思うかもしれないが、案外身近な存在で、たいていの日本人は一度はこれを飲んでいるはずだ。胃のエックス線撮影の前にいやいや飲み込む白い液体は、この硫酸バリウムの水溶液である。バリウムは重い元素なので、エックス線をよく吸収してくれる。それで胃の形がうまくフィルムに写し出されるというわけである。

ちなみに、バリウムの鉱物で毒重土石《どくじゅうどせき》というものがあり、硫酸の代わりに炭酸が主成分として入っている。毒重土石は白色で、重晶石つまり硫酸バリウムと外観上区別がつかない。名前に「毒」がつくように毒物である。かつて、ある病院で瓶を取り違え危険な状況に至った、という話を聞いたことがあるが、普通レントゲン室に炭酸バリウムは置いていないはずで、作り話かもしれない。

石膏製の「バラ」と重晶石製の「バラ」はよく似ているが、同じ産地に両方が出ることはない。ただ、形のうえからでは、どちらの鉱物なのかわからない。見分けるこつは、重晶石のほうが石膏よりもはるかに比重が大きいので、もった感触で区別することが可能である。重晶石のバラのほうが、やや希少性があるものの、特別高価というわけではない。両方のバラ共に砂が表面に付着し、一部は内部にまでめり込んでいて産出地の証明にもなっている。砂漠の砂は、日本の海や川の砂とくらべるとずっと細かく、色も鉄分のため褐《かっ》色味《しょく》を帯びていることが多い。

これまで「砂漠のバラ」について書いてきたが、鉱物の「バラ」は砂の中から出るとは限っていない。いくつかの鉱物が、砂地とは無関係にバラの花に似た形を作ることがある。なかでも赤鉄鉱《せきてっこう》の「バラ」は有名である。世界の各地に産出していて、特に、スイスアルプス産とブラジル産のものが標本として頻繁に見受けられる。アルプスでは石英脈《せきえい》中に、ブラジルでは花崗岩《かこうがん》ペグマタイト中に出ている。昔から「鉄のバラ」の名前で知られ、コレクターの間で珍重されている。赤鉄鉱の板状の結晶が集合して、バラの感じがある。その一つを写真に紹介しておく。

結局、バラの花形の鉱物の集合は、鉱物の種類を超越した一般的現象の一つである。そうすると、バラの花の形を生み出す機構がどのようなものか、という根本的な問題に帰着する。この問題の解決はかなりむずかしそうに思える。実験室内で再現できればよいのだが、うまくできる見込みが立ちそうにない感じである。

筆者はかねて一つのアイデアを暖めているのだが、能力の範囲外で少しも進展する見込みがない。本書の読者に紹介して反響を期待したい。

直線と一部の曲線は中学、高校の数学で扱われており、シンプルな数式で表現される。より複雑な曲線も、一定のパターンがあるものについては、やはり数式で表せると思う。三次元のものは高次の式になるかもしれないが、原則的には表せるのではあるまいか。門外漢のたわごとになるかもしれないが、パソコンに二次元のパターンを入力して数式化することができないものだろうか。もし二次元のものが可能となれば、三次元のものも二次

「鉄のバラ」(赤鉄鉱)。ブラジル・ミナスージェライス州産。上下2センチ。

元のものとの組み合わせとして数式を求めていく方法が取れないものであろうか。どなたか、この方面に強い方の興味をひくことがあれば幸いである。

仮にバラの花の数式が得られるとする。今度はその数式から逆に、生成のメカニズムがわかる、ということが期待できる。この方式がうまくいけば、鉱物の集合のほかの形式も数式で表せるだろうし、またバラの花の形について、植物の世界と鉱物の世界に統一性がある、という理解にまで至ればいっそう興味深いはずである。

さて、海外を旅行して「砂漠のバラ」を入手する機会があるかもしれない。石膏製の「バラ」が最も入手しやすいが、モース硬度2という軟らかい鉱物なので傷がつきやすい。さらに劈開《へきかい》といって特定の方向に割れやすい性質をもっているので、破損のおそれがかなりある。

その結果、褐色を帯びている全体の一部が白くなり、せっかくの「バラ」が傷物になってしまう。実は、この傷物になってしまったときの救済法がある。現地業者に教わったものので、筆者も試してみて確かに効果があった。その白くなった個所にコーラを塗るという簡単なものである。

黄鉄鉱

「たった四はいで夜も眠れず」と幕末の狂歌にうたわれた黒船事件の主役ペリー提督は、日本開国の役目を果たしたが、そのほかに、あまり知られていないが、鉱物資源の調査という任務も担っていた。そのための専任者は乗船させない方針だったというが、牧師ジョーンズと軍医ファースは、後に発表した報告をみると、実は地質家だったのではないかと思われる。

一八五三年、彼らは小笠原諸島に上陸し、調査を行った。そして「黄鉄鉱《おうてっこう》は多くの場所に豊富に所在」（ファース、『父島《ちちじま》の地質』）していることがわかった。太平の夢から覚まされた幕府は、一八六一年に小笠原諸島開拓のためにできたばかりの咸臨丸《かんりんまる》を差し向けて調査を行った。同船に乗り組んで鉱物を調査した本草家《ほんぞうか》は、その報告書『物産略記』に「硫黄《いおう》……南崎の東方なる海岸の山上に生ず。外国人これを取り硫酸鉄《りゅうさんてつ》をうる」と書いてある。しかし、硫黄から鉄ができるのはおかしいので、黄鉄鉱の間違いであろう。

いずれにしても、日本産鉱物の科学的な記載の第一号がこの小笠原の黄鉄鉱であり、その栄誉はペリー艦隊に属する。写真に紹介した小笠原の黄鉄鉱は、大正時代（?）に日本のコレクターが採取し、ドイツの標本商クランツ社に輸出されたものを、筆者が買い戻してきたものである。小笠原の黄鉄鉱は有名だったらしい。

鉱物の分類は主に化学組成に基づき、例えば珪酸《けいさん》塩鉱物とか炭酸塩鉱物とかいわれるが、もっと大ざっぱに、金属鉱物と非金属鉱物に分けることもある。金、銀、銅、鉄などの鉱石になるのが金属鉱物で、重く金属光沢があり、非金属鉱物は軽く透明感がある。水晶（石英《せきえい》）を非金属鉱物の代表格とすれば、金属鉱物の代表は衆目の一致するところ黄鉄鉱になろう。鉱物愛好家の中にも好みがあって、手にずっしりくるのがたまらないという黄鉄鉱派と、透き通るのがいいという水晶派とがある。ちなみに、筆者は分け隔てしない方針だが、どちらかといえば後者に近い。

黄鉄鉱は、最も有名な鉱物なので、これを置いていない標本店はないのだが、ちょっとしたトラブルも起こりがちな鉱物である。初めての人は、真ちゅうを削って人工的に作った品と思いがちなのだ。自然のものと説明しても、なかなか納得がいかない。「自然にできるはずがない」とおっしゃる。その点、子供たちは素直で、大地の芸術作品に目を輝かせる。

いちばん単純な立体の形は何か、という質問に対して、球と立方体というのが常識的な答えとなろう。球体の鉱物もないではないが、それは細かい結晶の集合体であり、一個の結晶としては球体は鉱物にはない。

ここで出てきた結晶という言葉は、鉱物にとって本質的な意味をもつので、その説明を試みたい。もちろん、読者の多くはすでにご承知のことと思われるが、ご寛容いただきたい。

学校の理科で習った、食塩の結晶について思い出していただきたい。食塩は化学式が

小笠原父島産の黄鉄鉱。ドイツからの里帰り品。左右8センチ。

NaClで、ナトリウムと塩素の原子が規則正しく配列している。ナトリウムがプラスのイオン、塩素がマイナスのイオンになり、その電気的な力で結合している。その配列の最小の単位は一個の立方体と見なせる。鉱物標本としては、一辺が一〇センチに達する立方体の岩塩の結晶が存在する。ちなみに、家庭の台所にある食塩をルーペで眺めてみると、それらもやはり立方体をしているはずである。食塩の原子の組み合わせは単純な立方体しかなく、別の配列はないので、その形は大小にかかわらず、ほとんどの場合立方体になる。食塩には色がないので、代わりに、同じように立方体になりやすいほたる石を示しておく。

黄鉄鉱の化学式はFeS_2で、鉄の原子一個に硫黄原子二個が組み合わさっている。この

ほたる石の立方体結晶。スペイン産。左右4センチ。

点、食塩の場合と違っている。しかし、かなり食塩に似た形式の配列をしているので、やはり立方体になりやすい。ただ、黄鉄鉱では立方体のほかに八面体と十二面体にもなる。

結晶は安定でできやすい形をとる。黄鉄鉱の場合には、前述の三種類の形のできやすさがあまり大幅には違わない。つまり少しの条件の違いで、どの形にもなることができる。また、立方体と八面体をミックスした形になることもできる。どの面が優先的に成長するかは、できるときの条件、――例えば溶液の成分、温度、不純物、溶液の流れ、位置などのさまざまな条件に支配される。

世界的な傾向として、金属鉱床《こうしょう》の中央部でできる黄鉄鉱の結晶には十二面体が多く、その周辺部とか岩石の中に単独で入るものは立

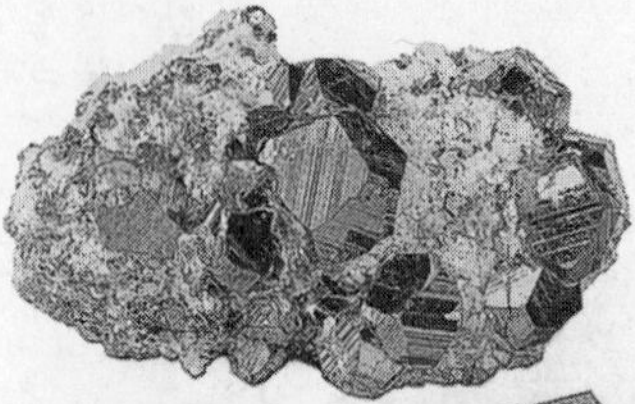

上：12面体結晶の黄鉄鉱。ペルー産。左右8センチ。
下：左は褐鉄鉱化した黄鉄鉱。山梨県産、一辺2センチ。右は立方体結晶の黄鉄鉱。スペイン産、一辺2センチ。

方体が多いことがわかっている。八面体は比較的少なく、その出現には微量のヒ素の混在が影響しているらしい。写真の十二面体のものはペルー産で、黄鉄鉱の結晶の産出では世界一クラスの有力な金属鉱床からのものである。立方体のほうは、スペインの粘土質の岩石中に一個ずつ入っていたもので、見栄えがよいので標本鉱山として採集されている。その左の褐色《かっしょく》の立方体は、元は黄鉄鉱だったが褐鉄鉱《かってっこう》（成分は水酸化鉄）に変わってしまったもので、こうした現象を「仮晶《かしょう》」という。

黄鉄鉱を含む岩石が、風化作用や熱水作用を受けて黄鉄鉱ではなくなったのに結晶の形だけは保存されている。日本では古くから知られ「升石《ますいし》」とか「武石《ぶせき》」と呼ばれている。長野県の武石《たけし》村はこれが村名になっていて、仮晶の出る山があって保護されている。

おもしろいことに「武石」を割ってみると、中心部には新鮮な黄鉄鉱が残っていることがけっこうある。変質作用が内部まで至らなかったのだろう。また、ある産地の「武石」はその表面がもろくなっていて、簡単に一皮むける。すると皮膜状の金がついていることがある。初めから黄鉄鉱の中に金が入っていたのか、あるいは「武石」化の現象中に金が集まったのか、どちらかはわからないが興味深い産状である。

かつて瀬戸内海にあったユニークな金山のことが思い出される。海辺の台地にあったその鉱山では低品質のロウ石が採掘されていた。高品質のものは滑石《かっせき》や葉《よう》ロウ石に属し、耐火物原料として需要がある。ここのロウ石は、石英に粘土鉱物が混じった程度の低品質のため、トラック一杯の価格が並の砕石《さいせき》を少し上回る程度であった。

しかし、この鉱山の所長兼オーナーは、かねてからある夢を抱いていた。ロウ石の中に時折真ちゅう色の金属の粒が混じっている。これが金であったなら、と所長は内心期待を膨らませていたのである。鉱山を訪問する大学などの専門家に石を見せるが、金という答えはなく「これはパイライトです。日本語では黄鉄鉱といい、よく金と間違えられるんです」といわれる。

どうしても金の夢を捨てきれなかった所長は、ロウ石の一片を化学分析に出してみた。一カ月後に送られてきた報告書を見た所長はあぜんとした。そこには金鉱として最高品位の数字が示されていたのである。

大手の鉱山会社の技術指導によって金山に衣がえしたこの無名の山は、一躍わが国有数の金山となった。ただ、残念なことにその栄光は長くは続かなかった。下部に断層があり、金の多い部分は途絶し、他部の探鉱も実を結ばなかったのである。すでに大半の良鉱は安いロウ石として売り払われてしまっていた。初めのころに気づいていれば、と所長は悔やまれてならなかった。それ以降、この鉱山を訪れる地質学者たちは、所長の目をまっすぐに見ることができなかった。

この鉱山の金の色は少し白っぽい。それは数十％の銀を含むためで、こうした鉱物を「エレクトラム」という。確かに金よりは黄鉄鉱に近い色をしている。専門家でも両者の区別はむずかしいものなのだろうか……。

英名のパイライトは、ギリシャ語の「火」「火花」に由来しているという。普通、金属鉱物は重いが硬さはそれほどではない。ただ、黄鉄鉱は特別に硬くてナイフの刃が立たない。ハンマーで打つと火花が出る。一方、金やエレクトラムは軟らかくてナイフで容易に切れるほか、展性《てんせい》に富んでいるので砕けずにへこむ。また、黄鉄鉱は結晶になりやすいのに、金やエレクトラムは普通、結晶を見せない。エレクトラムを「黄鉄鉱」とした専門家たちは、黄鉄鉱の語源に思いを致してナイフで傷をつけてみればよかったのだ。

金山がまだ稼動していたころ、鉱物学関係の学会が近くの都市で開かれ、巡検旅行先にこの鉱山が選ばれた。バスで訪問した専門家たち一同の前で、所長は金鉱の最良の見本を取り出し、女性社員にバケツに水を入れてもってくるように命じた。所長は「水にぬらしてやると金であることがよくわかります」と、ぬれた金鉱を高々と上げてみせたが、見学者たちは伏し目がちであった。

日本の地質学者の鉱物鑑定能力の低さは、残念なことに一般化しており、世界レベルを下回っている。これは明治以降の日本の教育の「成果」であることは間違いない。

しかし、最近、鉱物に対する一般の関心が高まっているので、この方面から改善のきざしはある。文部科学省が指導する教科書には鉱物は出てこないが、そのほうがいいだろう。古い「成果」をむりに押しつけられては、かえって困るからである。

インド魔術の舞台裏

水晶や黄鉄鉱《おうてっこう》といった鉱物は、最もポピュラーな鉱物の代表格だが、約四〇〇〇種を数える鉱物の大半はポピュラーなものではなく、教科書や百科事典にも載っていない。光学顕微鏡や電子顕微鏡下でないと見えない微小の鉱物は、いろいろな性質がまだ調べられておらず、どこに話題性があるかわからないし、また標本数がきわめて少なく、写真も撮れないような鉱物は紹介がためらわれる。個人的な判断になるが、現在入手可能な六〇〇種の鉱物を選んで、その中に含まれる種類であれば一般向けに登場させても大丈夫だろう。

今から十数年前、アメリカ・アリゾナ州のツーソン・ミネラルショーを訪れた世界の鉱物関係者は、筆者も含めてある標本を見て驚いた。インド人のディーラーのテーブルの上に、見たことのないブルーの玉が並べられていたのである。直径一センチ前後、板状結晶が中心の一点から放射状に密集してイガグリ状になって、手のひらの上でコロコロ転がる。カラフルな鉱物の中でも最も魅力的なブルーであり、小さな玉でも存在感が絶大だった。

価格はというと、小さなもので数十ドル、大きいものは一〇〇ドル以上した。この青い玉を見て財布のひもを緩めなかった鉱物マニアは少ない。この世界では、初物はとにかく入手しておくのが鉄則だ。

次の年のツーソンでのショーでも、同じ玉が売られていた。大量に産出したのだろう。同じものをさらに仕入れるかどうか、これは各自の判断にかかってくる。一般にこのようなケースでは警戒して控えるものなのだが、

カバンシ石。
下部は束沸石。
インド・マハーラーシュトラ州産。
左右1センチ。

青い玉の売れ行きは止まらなかった。この鉱物の名はカバンシ石。

実は、このカバンシ石は、アメリカ・オレゴン州のレイク・オワイヒー国立公園内の溶岩のすき間に見いだされ、一九七三年に新鉱物として発表された。主成分となる化学元素はカルシウム、バナジウム、ケイ素であり、その英語名の頭の部分をとって名前(Cavansite)がつくられた。

鉱物の名前には、動植物のようなラテン語の学名はなく、新種の発見・発表者が名前を考え、国際委員会の承認を受けるというルールになっている。特に規約はなく、なるべく短く、既存の名前と紛らわしくない、というくらいで常識の範囲とされる。かつて、南極のドンファン池から発見された鉱物にドンファン石という名前をつける提案がなされたが、時の委員長の「品がない」という見識から却下された例があった。

鉱物名につくのは地名と人名がいちばん多い。地名は採れる場所にちなむのが普通。人名は、発表者の名前は使わない習慣になっていて、動植物名の場合に名前を添えるのとは違っている。研究者の上役や先輩などの名前が多く、わが国では明治、大正の学界の大先輩から使われだし、最近は種切れぎみで、当該鉱物や鉱物の記載にあまり役割のない先生方にお鉢が回ったりしている。在野のコレクターや研究者の名前がついた鉱物は、海外では少なくないが、日本では今のところ二名のみである。

一分野で数万種もある動植物とくらべると、約四〇〇〇種しかない鉱物の新種は、はるかに希少性がある。しかし近年は、電子技術の進歩により、肉眼で見えない微小物でも分析研究ができることから、新鉱物の申請は世界で年に一〇〇件くらいと急増している。

カバンシ石のような例はまだ主流ではないが、化学組成の情報を含んでおり、悪くない命名法だと思う。そのほか、大学名や雑誌名などPR的な命名も出てきている。変わったところではネコ石（Nekoite）がある。これはオーケン石（Okenite）に外観がそっくりの石で、その英語のつづりを置き換えて作った名前である。命名者はシャーロック・ホームズのファンかもしれない。

インド産のカバンシ石は、その登場のとき、あまりにも鮮やかな色彩とユニークな形で人々を驚かせた。そして、主成分にバナジウムが入っていることが強い感銘を与えたのである。

バナジウムのような珍しい元素が珪酸塩《けいさん》鉱物になって玄武岩《げんぶがん》のような普通の岩石の中に出ることはかなりまれなことであり、そのような例外的な産出は限定されていて、最初に発見されたアメリカの産地のように、すぐに終わってしまうものと思われた。それゆえ最初の数年、コレクターは財布のひもを緩め続けたのである。それが十数年経った今でも続々と産出している。価格は一〇分の一になった。うれしい悲鳴というわけにもいかず、これはインドの魔術か、と悔しがった。

よく考えてみると、バナジウムという元素は珍しい元素ではあるが、地殻中の分布の程度を比較してみると、銅などより分布の広い元素であることがわかる。分布が広いわりに鉱物の主成分とならない典型的な例に相当する。つまり副成分として入っている。例えば、砂鉄中にバナジウムが含まれることはよく知られており、その量が多いと鉄資源として利用するときの妨げになる。

少し派手な例では、エメラルドの中にもバナジウムが含まれている。カバンシ石やバナジン鉛鉱《えんこう》が鮮やかな色彩をもつように、この元素は発色に関与する性質をもっている。有名なコロンビアのエメラルドには、鉱山によって量が違うがバナジウムが含まれている。ウラル産やブラジル産ではほとんど検出されない。日本の女性に好まれる明るい感じのコロンビア産のエメラルドグリーンは、メインの発色元素クロムにバナジウムが協力する形で作り出されており、クロムだけだと、やや暗い感じの緑色になる。まれには両元素の比が逆転して、ほとんどバナジウムのみという石もある。こちらは明るすぎというか、過ぎたるは及ばざるがごとしである。

このバナジウムをめぐり、最近になってインドの魔術の第二幕が開幕したので、次にそれを紹介する。

第二幕の主役の名前をペンタゴン石という。ペンタゴンは五角形を意味し、アメリカ国防総省の建物の形から国防総省の代名詞として知られている。この鉱物は、双晶《そうしょう》により五角形を示すことから命名された。有機物の世界では五角形があり、無機物でもカーボンフラーレンは五角形が集合してボール状になっている。しかし、鉱物の結晶の世界では、五角形は非常に少なく、ペンタゴン石は話題性がある。

実は、ペンタゴン石の化学組成はインドの魔術第一幕のカバンシ石と寸分違わない。原

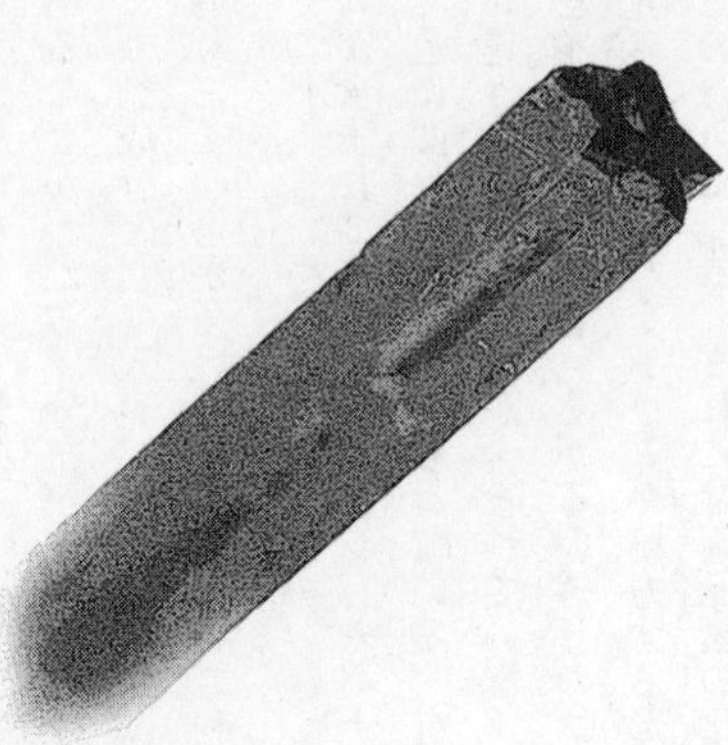

ペンタゴン結晶。インド・マハーラーシュトラ州産。長さ6センチ。

子（イオン）の配列が少し違っているため別種になっているが、同じような青色の結晶で同じ産地に出ている。ただ産出の頻度は圧倒的にカバンシ石が多く、ペンタゴン石は一万分の一以下で、かなりできにくいらしい。当然、希少価値がある。このペンタゴン石が、インドのカバンシ石の産地で昨年（二〇〇二年）から登場してきた。いくら人気のカバンシ石でも、一〇年以上のロングランではさすがに飽きられてくる。そこでインドの石の神様が、タイミングよくペンタゴン石を起用して第二幕を開けたらしい。

幕開けの一時には多少の混乱もあった。色と産状がほぼ同じで、形も似通っていることから、どれがペンタゴン石なのか、初めのうちはよくわからなかった。インドの鉱物業者の中には、少し変わったカバンシ石にペンタゴン石のラベルをつけて売り出すケースが続出した。語源になった五角形（星マーク形）のペンタゴン石がなかなか見つからなかったことも魔術めいていたといえよう。

ペンタゴン石の初荷をヨーロッパ市場に持ち込んだインド人の業者も、ペンタゴン結晶に気がつかなかった。実は、私のスタッフがこのインド人から仕入れた品の中から見つけ出したのである。標本が壊れやすいため、石を綿でくるんであった。そのインド綿をもらってきたのが正解で、ペンタゴン石の結晶はとりわけ細長いため、途中で折れて標本からはずれ、綿の中に残っていたのだ。綿から出たペンタゴン結晶を集めて、翌年インドの業者に見せたら口あんぐりの状態。第一幕で散財させられたことに一矢報いることができたようで、内心愉快になった。

インドの玄武岩質溶岩台地の地底で温泉作用が活発化し、溶岩の中に水を含んだ珪酸塩の鉱物を形成していく。普通はカルシウムやナトリウムを主成分とするもので、ゼオライト（沸石《ふつせき》）といわれる一群の鉱物ができあがることが多い。しかし、ものには例外がある。どうしたわけか、その温泉の中にバナジウムが濃縮して、カバンシ石とペンタゴン石という珍しく美しい二つの鉱物ができてしまった。

この魔術の種は今のところだれにもわかっていない。同じ原料から、あるときはカバンシ石が、またあるときはペンタゴン石が生まれる仕掛けはどうなっているのだろう。常識的な判断では、温度や圧力やpHや、何かの条件が違って生成が区別されるのだろうと考えられる。今のところ、その条件が何であるのか不明だが、いずれ多くの標本を調べていけばわかってくるのではないか。

ところが、最近になって多数の標本が出回ってくると、一個の握りこぶし大の玄武岩の上に、なんと両方がいっしょに出てきたのである。両方がバラバラに交じっているのではなく、片方の群生するすき間は数センチ離れてはいる。しかし、そのわずかな距離に意味があるのだろうか。

もしかすると、物理化学的な差別を考えないほうが正解であるという気もする。どちらになってもいいのだ。n万分の一の確率でペンタゴン石ができる。しかし、いつ、どこに、どれだけできるかは何もわからない。このようなカオスないしは不確定が理論化できれば、インドの魔術の舞台裏が透けて見えてくるだろう。

シルクロードの意外な真実

「ある所にはある」という鉱物の話をしてみたい。水晶や黄鉄鉱《おうてっこう》などは「どこにでもある」鉱物だが、普通の所にはなく、例えば日本にはないとか、探しても見つかる見込みもないといった鉱物の話である。

ダイヤモンドはそれに相当するのではないか。確かに日本では産出しないし、世界的にも限られている。昔はインド、その後はアフリカに産出が独占されていた。しかし、近年は新しい産地が相次いで発見され、シベリアでの発見はソビエト時代の地質学の一大成果として、それをテーマにした劇映画も製作され広く上映されたほどであった。オーストラリア、中国、カナダでの発見が続き、なかでもカナダは同国北方で数多くの含《がん》ダイヤモンド・キンバレー岩体《がんたい》が確認されており、いずれ世界最大の産出国になる勢いである。

ダイヤモンド・ストーリーはもちろん興味深いテーマではあるが、ここでは、もっと人類史の古代にさかのぼり「ある所にはトン以上のオーダーで大量にある」鉱物にスポットライトを当ててみたい。まず、ラピスラズリの名前で知られ、瑠璃《るり》や青金石《せいきんせき》とも呼ばれるユニークな石の話から始めてみる。

ラピスラズリの強烈な原色は、古代の人々に特別の印象を与えた。色名をウルトラマリン（群青《ぐんじょう》）という。青い色でも紺とは異なる。顔料のほうでも両者は区別されており、例えば看板屋に「青い色に塗ってくれ」と注文すると「紺ですか、群青ですか」と聞き返されるはずだ。

ラピスラズリの魅力は知れ渡り、世界最古の記録ではエジプト古王朝の彫刻品が知られている。顔料にも使われるが、何しろ黄金に匹敵するほど高価だったので、当時の王や権

ラピスラズリ。アフガニスタン産。黄鉄鉱を伴う。左右約7センチ。

力者でも遠慮しながら使ったといわれる。古代のシルクロードを数千キロも旅をして、数々の国を経由してエジプトに至るのだから高くなったのだろう。

それでもアフガニスタンの北東部のバダフシャン地域にしか産出されなかったのだから仕方がない。現在では南米、シベリア、パミールなどに産地が見いだされているものの、品質的には劣り、それらの産地のラピスラズリが古代社会で利用された証拠もない。西アジアの一産地の青金石が、人類の文化史に文字どおり青い一石を投じたのであり、その意味は小さくない。

アフガニスタンというと西域のやや神秘的な国というイメージがあったが、最近の戦乱の折、同国の地図が新聞紙上にも再三登場したので、以前よりは神秘性が薄らいだかもしれない。古代のいわゆる「シルクロード」は、この国を横断して、中国圏とエジプト、アラビア、ローマ圏を結び付けていた。シルクロードの言葉から連想される次の言葉は何だろうか。筆者はここで大旅行家マルコ・ポーロを思い出した。

アフガニスタンのラピスラズリは紀元前のはるか昔から利用され、マルコ・ポーロも自らの旅行記に産地訪問を記している。最近の戦乱ではゲリラの資金源ともいわれながら、産出は今なお続いている。地球上の一点の鉱物産地がこのように長く続いて採掘され、世界史に影響を及ぼしてきた例としてきわめて珍しい。

非常に魅力的でかつ高価な材料なら、この模造品を作ろうとするのはだれしも考えることで、古代社会でもさまざまなラピスラズリの人造品が現れた。最初はラピスラズリの細かいくず石を粉末にして固めた品だったかもしれないが、その後は実物をまったく使用しない方法が発展してゆき、古代ガラスの起源もそれと結び付いている可能性があることは、ロシアの鉱物学者フェルスマンが指摘している。褒められない動機かもしれないが、新技術の契機になったのである。ラピスラズリは、現代では完全に化学的に合成生産されており、顔料に使用されている。

アフガニスタンのラピスラズリには黄鉄鉱の粒が含まれており、これがアラビアの夜空に似ているといわれ人気があるため、合成品の中にもわざわざ入れているものがある。しかし、それは黄鉄鉱ではなく、真ちゅうの破片なので形が不規則で、ルーペで見ると合成品であることがすぐにわかってしまう。アラビアのモスクにはるタイルには、ラピスラズリ色のものとトルコ石色のものが多い。有名画家の中では特にデューラーが天然のウルトラマリンを多用したそうである。

「ある所にはある」鉱物の次の例として玉《ぎょく》を取り上げる。ひすい輝石《きせき》（硬玉《こうぎょく》、ひすい）とネフライト（軟玉《なんぎょく》）を総称して玉という。似て非なる石をさまざまな名前の玉ということにして商《あきな》いをする習慣が中国にあり、これらを「雑玉《ざつぎょく》」という。似て非なるものだから、正式には玉に入れない。

軟玉は中央アジア、タクラマカン砂漠南方のホータン地域に、世界で最良最大の産地がある。一般に、玉は露頭《ろとう》ではなく、川や海の礫《れき》（小石）になったものが多く利用され、古代においてはすべてこうした転石《てんせき》を探したのである。

ホータンの軟玉の魅力と性質を発見し、それにこだわったのは古代中国の皇帝たちだった。良質の玉は王のシンボルであり、このことは玉と王の文字の相似からも推察される。古代王朝では、各種儀式から日用品に至るまで、玉がないと王室が成り立たず、それらを表す王偏の漢字も実にたくさんある。強烈な色彩の対極にあって特定の色というものがなく、地味な色調、半透明、特有の堅牢な質感……、この魅力は写真では伝えられない。自分で手に取って、しばらくするとわかる人にはしだいにわかってくるというものらしい。

歴代の中国皇帝は幾度も西域に派兵したが、その真の目的は玉の確保にあった。

シルクロードの地図を眺めてみると、西方にラピスラズリの産地があり、東端に中国、中間に玉の産地がある。つまり、この古代のハイウエーは、ほんとうは玉とラピスラズリの道なのであり、「シルク」ロードという名前は、その道を運ばれた商品の一つをとって後からつけたものにすぎない。このことは、道の出発点が「玉門関《ぎょくもんかん》」であり、中国側の終点がカシュガルであることから明らかである。カシュは、古代語で玉を意味していた。

一方、ひすい輝石の有力産地はミャンマー、南米グアテマラ、日本にある。ミャンマーは現在、宝石としてのひすいの主産地であるが、古代社会での利用は明らかではない。グアテマラ産は、マヤ文明など過去の中米の文化に一定の影響を与えた。

日本では新潟県の糸魚川市と青海《おうみ》町を中心としてひすい産地が分布しており、縄文中期に「越《こし》の国」というひすいの採取、加工、販売、輸出を中心にした大国が存在したとみなされている。越前、越中、越後という名前は

ひすい輝石。新潟県青海町産。左右5・5センチ。
左：青海町の海岸。

この名残《なごり》で、越はまた古代語のカシュにつながると筆者は考えている。

このひすいの産出については『古事記』に記されていたものの長く忘れられ、昭和に入ってようやく再発見された。越の国のひすいはアジアの古代社会で知名度があり、朝鮮半島には広く輸出され、現存する朝鮮古代の文物《ぶんぶつ》の中には、このひすいと金を組み合わせた宝物がたくさん見いだされている。


人類の歴史上、最古にして最長の時間はいわゆる石器時代である。石器時代は旧石器時代と新石器時代に区分されているが、考古学や年代学的な規定ではなく、石の側から見ると「旧」と「新」には明瞭な違いがある。

旧石器ないしそれと称するものは、すべてありきたりの岩石だが、新石器は黒曜石《こくようせき》のような特定の岩石、あるいは玉、水晶、ジャスパー、めのうのような特定の鉱物が登場し、特定の意味のある使われ方がなされている。

単に石ころを利用するというだけならサルも利用しているし、カラスもよく石で遊んでいる。しかし、彼らが特定の岩石や鉱物を使っているという話は聞いたことがない。広大な自然の中から特定の石に着目し、それを利用する。このことこそがサルの延長線上から飛躍し、文化をもつ人間に発展した第一歩であった。

こうした面で、新石器時代にラピスラズリや玉《ぎょく》といった特徴ある鉱物が利用されたという事実は、大きな意味をもっているはずである。

ここまで古代のことを書いてきたが、現代社会に関係がないといえない面があるので、最後に付け足しておきたい。

人間は新石器時代に至って鉱物を知った。そして、鉱物への興味から自然科学が生じたのである。鉱物の形の規則性は数学、物理学の出発点になり、鉱物の精錬から化学が生まれた。中国では「本草《ほんぞう》」といって草根木皮《そうこんもくひ》の調査は徹底して行われたが、黄土《おうど》大陸には鉱物が少なかったためか、鉱物はあまり広い関心を呼ばなかったのかもしれない。中国での自然科学の発達の遅れは、このことと無関係ではなかったと思われる。

日本では、テレビ番組などに登場する石はほとんどただの岩石で鉱物はまれだが、ヨーロッパでは逆転する。欧米の自然博物館は鉱物を目玉にしていて入口近くに飾っており、ゲーテのような文化人からナポレオンのような王侯貴族も鉱物のコレクションを教養としていた。小・中学校の教科書に鉱物がなく、博物館でも申し訳程度に鉱物を並べている日本は、世界でもかなり特殊である。

いまだに岩石と鉱物の違いに気がつかず、石というとありきたりの岩石の礫を持ち込む人たちは、いわば旧石器時代の感覚に立脚しているのだ。もちろん、個人の興味は自由である。しかし、国民の大多数がまだ旧石器時代を脱却していないという事実は、国の指導者たる者は少し考えないと、先行きが心配されるのではあるまいか。

鉱山町の光と陰

スイスに源を発し、オーストリア、ドイツ、フランスを通り、ライン川はオランダでようやく北海に出る。国際河川に指定されているため、国旗を掲げる大小の船舶が、古城を頂く山峡《さんきょう》を上下に行き交うコブレンツ辺りの風景はとりわけ美しい。

それより数百キロさかのぼり、スイスに至る手前に、東岸がドイツ領、西岸がフランス領という流域がしばらく続く。そのフランス側の一帯をアルザス地方といい、西に隣接するロレーヌ地方といっしょにして「アルザス・ロレーヌ」という名前が通用している。アルザスには、一〇〇〇メートル前後の山並みがライン川とほぼ平行に走っており、ストラスブール、コルマールなどの都市があるが、筆者が毎年訪れているのは、くわしい地図でないと載っていない小さな町で、サント＝マリ＝オ＝ミーヌという。

最後のミーヌは鉱山という意味で、文字どおり鉱山町であった。一〇年ほど前には、鉱石運送用の線路や、鉱山マークの入ったゲートが残っていた。銀を中心に各種の金属を産出したのである。この地域には多くの金属と石炭の鉱山があったが、今はすべて廃止され、南部のミュルーズに近い岩塩鉱山のみが盛大に稼働している。

毎年、初夏の週末にこの町でミネラルショーが開催されている。年一回の開催で、昨年(二〇〇三年)は四〇周年を迎えた。世界中の人が鉱物や化石を持ち寄り、売ったり買ったり交換したりしている。この種のイベントはヨーロッパでは珍しくなく、各地で開かれているが、普通は大都市で行われており、サント=マリ=オ=ミーヌの例は珍しい。それもヨーロッパ第二位の規模に達しているのだから驚く。初めは町の劇場や学校を会場に使ったが、足りないので今では臨時に大小のテント街が出現する。時に夕立があるが、参加者たちはこのくらいでは驚く様子がない。

テントの一角に野外食堂があり、サービス要員はすべて町の中学生だ。ワインのコルクが抜けなくて助けを求める少年もいる。入場券売り場では、近所の銀行員のおばさんも出て、町をあげてのバックアップぶりだ。緑豊かな山間の町で、古城や旧鉱山も近くにあり、チーズの産地としても名がある。都会とは異なる魅力が人々を引きつけているようだ。

アルザスには有名なワイン街道が通り、微発泡性の白ワイン「リースリング」は風味と香りがすばらしく、和食にもよく合う。リースリング種はライン沿いのドイツ領をはじめ世界各地でワイン作りに使われているが、アルザスの風味には及ばないだろう。ブドウ畑の地質、ひいてはアルザスの鉱物の成分が入っているものと思って愛飲している。

風光明媚で料理とワインが上質のアルザスは、フランス有数の観光地であるが、ドイツ語がよく通じるのに反して英語はあまり通じない。実は、アルザスはかつてドイツ領だったことがある。

歴史上、ライン川を挟んでの土地のやりとりは独仏間で繰り返されており、なかでもこの地方は「アルザス・ロレーヌの振り子」という言葉があるくらい、戦争があるたびにあっちに行ったりこっちに来たりした。石炭、

サント＝マリ＝オ＝ミーヌでのミネラルショーの様子。(二〇〇三年)

金属、岩塩資源に富んでいたため、歴代の支配者たちがいちばんに目をつけた地域だったのだ。それゆえ、ドイツからの観光客がいちばん多い。しかしここが資源に恵まれたゆえにかつて戦場となった歴史に思いを致す人は今では少ない。イベントの主催者側には、過去のマイナス面を埋め合わせるように、昔の鉱山町を利用していくという考えをもつ人がいるかもしれない。今日の盛況は、そうした精神的なバックボーンにささえられているものと信じたい。

「アルザス・ロレーヌの振り子」は、何も世界史上特殊な例という訳ではない。資源確保の争いは人類史の重要な側面である。

古代中国の王朝がたびたび西域に派兵したのは、タクラマカン砂漠南方の軟玉《なんぎょく》の輸入ルートの確保に動機があったことは先に触れた。これに関連して思い出されるのは、縄文時代の日本で硬玉《こうぎょく》（ひすい）の産地を巡り、地元の越《こし》の国と当時の強国、出雲《いずも》の国との間の戦火で、これは出雲の大国主命《おおくにぬしのみこと》が越の国の女王の奴奈川姫《ぬなかわひめ》へ押しかけ結婚をしておいてから強硬手段に出るという高等戦術であった。奴奈川姫は芦原《あしはら》で火攻めにあい落命したと神話に伝えられる。

黄金の国ジパングが、元寇《げんこう》で蒙古《もうこ》軍に攻められたものの、それ以上の侵略にあわなかったのは幸運といえようが、もしも庶民の家の屋根が金でふいてあるのが事実だったら、やはりただでは済まなかったのではあるまいか。

アフリカの歴史は、資源略奪の歴史そのものであり、現在にまで至っている。以前はベルギー領コンゴといわれ、ザイールに変わり、近年またコンゴに戻った国には、世界有数の銅、ニッケル、コバルト、ウランの鉱床《こうしょう》が分布している。

銅の炭酸塩鉱物である孔雀石《くじゃくいし》は、普通、銅の鉱床の上部に少量産出しておしまいになるが、この国の孔雀石の量はけた違いに多く、世界の産出量の九割以上を占めている。安定した美しい緑色の孔雀石は、顔料や飾り石に広く利用される。ザイール時代にはこの石の輸出を禁じる法律があり、大統領の弟が輸出を一手に扱っていたという話を聞いた。自分以外の者が輸出するのを禁止する、便利な法律を作ったのである。ニッケル、コバルトは重要な軍需金属であり、ウラン鉱の重要性はいうまでもない。

しかし、鉱山業の発展の結果は、国民を豊かにはしなかった。国は破れ、大統領は暗殺された。ボランティアに行っている日本人の話では、この国の人々の生活は現在困窮を極めているという。資源から得られた富はどこに行ってしまったのだろう。

アフリカには、土砂の中からダイヤモンドが採取される地域があり、これらの国々のダイヤモンドは軍事紛争の原因となるものであるため「血のダイヤモンド」と呼ばれ、国際的に取引中止の勧告がなされているが、実効がないとみえ、今なおダイヤモンドの利権を巡り内戦状態が続いている。

このように、鉱物資源が戦乱のもとになった事例が多いなかで、一つだけ逆の例がある。一八二九年二月一一日、ペルシャ(現イラン)の首都テヘランでロシアの大使が襲撃された。しかも殺害されたのはただの大使ではなく、著名な作家で『知恵の悲しみ』の著者グリボエードフだったから、ロシアの世論は沸騰し、平和的な手段では済まない雲行きになった。ペルシャは皇太子を団長とする特別使節団をロシアに派遣し、世界的に有名なダイヤモンドの一つとして名高い「シャー」を賠償に引き渡し、一件落着をみた。ちなみに、このダイヤモンドは五〇〇年くらい昔に、インド中部のゴルコンダのクリシュナ川で発見され数奇な命運をたどった。長方形の石の表面にシャー(王)の名前が刻まれている変わり種である。

南極は最後の大陸ともいわれ、現在調査活動が行われているが、ここで資源が発見された場合は、発見者や発見国の所有とならず国際的な管理がなされる原則になっている。月や惑星の資源も同様であろう。

地球全域の地下資源も、国際的な管理下に置かれるのが理想である。地球内部の物質を、個人や企業の所有とすること自体に筆者は抵抗を感じるのである。

日本国内を見てみよう。現在、金属鉱山は北海道に二（二〇〇六年休山）、九州に一の計三鉱山が残るのみである。鉱脈が尽きた訳ではなく、輸入したほうが安いからである。このままでは近い将来、日本の金属鉱山はゼロになってしまうかもしれない。日本の鉱山業を継続していく試案があるので、この機会にその一端を披露させていただく。

第一案は国営の日本鉱山の開発である。ここでは営業、教育、研究、観光の四つの仕事が行われる。「営業」は鉱山本来の採掘、選鉱などの作業がなされる。「教育」は日本特有の鉱山技術の伝統を保存しつつ、後進に伝えていく。「研究」は文字どおりだが、従来、鉱山の研究活動は鉱山の営利になるものに絞られていた。しかし、本鉱山では基礎的な研究も自由に行われる。地質学全般にとってこの利点は大きいはずである。「観光」も文字どおりではあるが、現在国内にある休・廃鉱山の一角にある、人形を並べた代わり映えのしない観光施設とは根本的に違って、新しい露頭《ろとう》や切羽《きりは》を見せて、写真撮影や鉱物採集もできるアクティブなものとする。

採算が取れるかといわれると厳しいが、こうしたまだ世界にも例のないユニークな鉱山を登場させることに多少の税金を使ってもいいと思う。失うものと得るもののバランスを考えれば、天秤がどちらに傾くかは自明であろう。

第二案は県立、町立、NPO立などの小鉱山で、これはほとんど「観光」を目的とする。日本には、山梨の水晶をはじめ優れた鉱物の産地がたくさんある。これをちゃんと採掘して、地球の裏側ではなく本当に地元の裏山で採れた水晶を販売する。昇仙峡《しょうせんきょう》まで来て、少し安いからといってブラジル産の水晶を買っていく観光客ばかりではないはずだ。また、鉱物採集の希望者には、入山料を取って一定の区域を開放すればよい。この種の小鉱山は多くの場所にできる見込みがあり、地域の振興に役立つと思う。

石については旧石器人の感覚しかなく、金属資源は地球のどこかからわいて出るもの、くらいの知識しかない日本人を改善できるプランであると自負しているが、いかがなものであろうか。

火星の石

太陽系の中で、地球に近く主に固体からできている天体としては月、火星、小惑星、彗星《すいせい》があげられる。これらは、いずれもその一部がすでに地球に来ている。

月の石は、有人宇宙船が月面に着陸した際に最重要課題の一つとして採取された。かつて大阪で開かれた万博のアメリカ館の目玉展示とされ、ほとんどの入館者がこの灰色の岩石の小片を拝観した。

小惑星は、小惑星帯と呼ばれる軌道に沿って無数の小さな星が太陽の周りを回っている。過去に一個の惑星だったものが、何かが衝突して粉砕されたと考えるとわかりやすいが、実際には起源の問題などがあって、そのような単純な考え方ではうまく説明ができない。

地球に落下する隕石《いんせき》のほとんどは、この小惑星が軌道を外れて地球の引力に捕らえられたものである。グラムないしキログラム程度の隕石は、毎日のように地球圏内に突入しているが、ほとんどのものは大気圏内で燃え尽きたり、細かく分解したり、大洋上に落ちたりして、採取されるものは少ない。一方、直径数キロに及ぶ大隕石が落下することもあり、その原爆を上回るエネルギーのため大クレーターが生じる。中生代末期に落ちた大隕石の最大級のものが、恐竜が絶滅する原因になったともいわれている。

二〇世紀初めにシベリアのツングースカで大爆発があったが、明確なクレーターは形成されず、広大な原野の樹木が爆風でなぎ倒された。これは氷とガスからなる彗星が、かなり斜めの角度で地球に衝突し、瞬時に消滅したものと考えられている。このほかにもある種のインパクトガラス（隕石などの落下により生じた天然ガラス）は彗星起源のものであるという説が検討されつつある。

肉眼でも見える月面のあばたはウサギとは無縁で、大部分は隕石落下によるクレーターであることがわかっている。落下時に生じた月の岩石の破片は、月の引力が小さいことと、空気抵抗がないことから、容易に月から飛び出して宇宙空間に飛散し、その一部は地球に隕石として落下した。

ところで、日本は意外にも世界一の隕石保有国である。狭い日本の国土に落ちた隕石の数はたかが知れている。実は、南極大陸の調査活動中にたまたま氷の中に隕石が集積している場所を発見したためで、たいへん幸運だった。地質時代に南極大陸に落下した隕石は氷の中に冷凍保存され、氷河の動きに伴って、ほぼ一定の場所に移動して集まっていくらしい。

この南極隕石の中から、月隕石と火星隕石が発見された。火星の岩石のサンプルはまだ入手されていないが、これまでの無人探査機により岩石の成分が分析されている。特に、岩の中に含まれているガスの成分が決め手となって、南極隕石中に火星隕石があることが確認されている。

近年は、サハラ砂漠などの砂漠の砂も隕石を特定の場所に集積する性質のあることがわかって、砂漠での隕石探しが活発に行われている。こちらは国家事業ではなく、個人が参加でき、入手した隕石は私物として販売もなされている。

最近、この砂漠の隕石中から火星隕石や月隕石が相次いで発見され話題となる一方、研究上もサンプルが増え、自由に使える利便さもあって、調査活動は進展しているということだ。どういうわけか、月隕石よりも火星隕石のほうが多く発見されているらしい。確かに、一般市民にとっては月よりも火星のほうに興味があることは否めない。月が死の世界であることは広く知れ渡っており、一方、火星には昔から生命の可能性があるといわれてきた。

近年、アメリカの無人探査機が火星表面に軟着陸して、周辺の岩石の調査を行った。これまでに発表されたところによると「鉄《てつ》みょうばん石《せき》」の存在が確認され、また別の場所らしいがほぼ水平に層理《そうり》を見せる岩石がある様子で、その中に球状のものがたくさん入っている。両者とも水の作用によって生じた、いわゆる堆積岩《たいせきがん》の仲間と考えられているという。

つまり大量の水が存在したことが裏付けられたわけで、火星の生命がにわかにクローズアップされてきた。この火星のニュースは、地球外の天体にある鉱物の情報として画期的である。今日まで、月の石から玄武岩質《げんぶがん》というような岩石についての情報はあったが、鉱物名の情報はなかった。

火星で発見された鉄みょうばん石という鉱物は珍しい種類なのだろうか。地球外で生じた鉱物だから、地球には存在しないか、あるいはあってもきわめて珍しい種なのだろう、と考える人がいても少しもおかしくない。

火星人がいる、という話を信じている人はいないだろうが、バクテリアくらいの原始的な生命は過去に存在しており、もしかすると今でも生存している可能性がある、と思っている人は案外多いのではあるまいか。

仮定の話ではあるが、その辺を少し考えてみよう。筆者は、生物学のほうは知識が乏しいので、ウイルスや単細胞生物についてまでは断言できないが、火星に限らず地球外の天体で発見される生物はすべて新種になるはずだ。生物は環境に適した形になるから、異なる天体で同じ形になるはずがなく、形が違えば種も違うことになる。

鉱物はそうではない。月であろうと火星であろうと、同じ元素の組み合わせ、例えば酸素、ケイ素、鉄、カルシウムの組み合わせであれば、できる鉱物の数はそんなに多くはない。ケイ素と酸素の組み合わせSiO_2であれば、石英《せきえい》以外に五種ほどの同組成の鉱物が知られており、どれになるかは主に温度と圧力で決まる。私たちが知らない新しいSiO_2が火星にあるという可能性はない。

火星で見つけられた鉄みょうばん石という

鉄みょうばん石。長野県諏訪鉱山産。左右8センチ。

鉱物は、地球上でもありふれており、少しも珍しい鉱物ではない。文字どおり鉄を主成分とするため、鉄鉱石《てっこうせき》として利用されることもある。日本では、第二次大戦末期に鉄資源が不足してきて、鉄鉱石の品質番付では下位にある鉄みょうばん石を大量に採掘したことがあった。なかでも群馬県の群馬鉱山と長野県の諏訪《すわ》鉱山は有名で、国鉄（現ＪＲ）の新線が鉱石輸送用に敷かれたくらいだった。鉱石の量は多いが、低品質なので国際競争力がなく、いずれの鉱山も短期間で閉山され、今は別荘地などになっている。

数年前に群馬鉱山へ調査に行った。吾妻郡六合《くに》村にあり、なだらかな丘陵地帯がほぼすべて鉄みょうばん石と褐鉄鉱《かってっこう》の集合でできていて、採掘跡が広い平坦地になっていた。そこには今も鉄みょうばん石が露出しており、その風景は火星からの映像とよく似ている。いちばん高い所に鉱泉がわいている。無色透明の冷泉だが、多量の鉄分を含有している。この泉には緑色の藻類《そうるい》が繁茂しているが、そこには特殊なバクテリアが生息していて、それが水中の鉄分を固定している、という研究結果が数年前に学会で発表された。群馬鉱山の広大な鉄みょうばん石は、この鉱泉とバクテリアによって形成されたものである。

ということは、かつて火星にもこの種の役目を果たすバクテリアが生きていた可能性があることになる。このことは、鉄みょうばん石のサンプルを調べることによって早晩解明されるだろう。

もう一つ、堆積層と思われる地層の中にたくさん見受けられる球体は何なのだろうか。ソフトな環境の中で鉱物の結晶ができるときに、一点からあらゆる方向に等速で成長すると、結果としてボール状になる。このようにして玉状になる鉱物は決して少ない種類ではない。今のところ化学成分についての情報が欠けているので、鉱物名を特定することはむずかしい。けれども、地球上で最もできやすい例を考えて、前もって予想しておくのは悪いことではないだろう。

炭酸カルシウムを成分とするあられ石ないし方解石《ほうかいせき》と、珪酸《けいさん》を主成分とするオパール（玉滴石《ぎょくてきせき》という）の二つのケースが代表的なボール状鉱物の例である。

上：
球状方解石。
長野県湯俣温泉産。
直径5〜7センチ。
下：
あられ石。
チェコ・
カールスバード温泉産
左右6センチ。

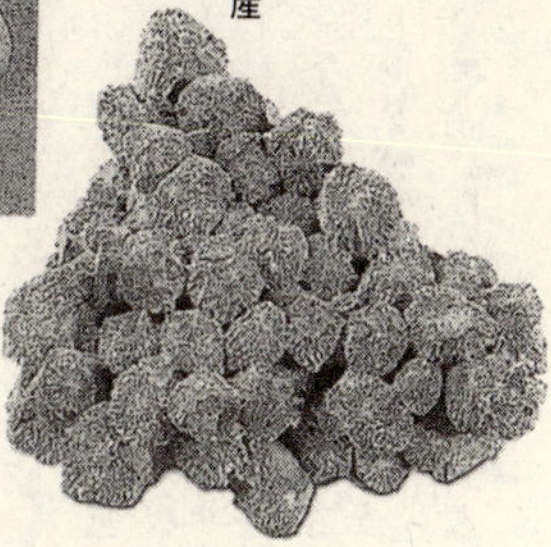

チェコのカルロビ・バリ（カールスバート）温泉の豆状のあられ石は、ヨーロッパの鉱物界では有名である。白色のもの、褐色《かっしょく》のもの、丸いもの、角張ったもの、小さいもの、大きいものと各種ある。長野県の湯俣《ゆまた》温泉の球状方解石は、古くは江戸時代の愛石家、木内石亭《きのうちせきてい》の『雲根志《うんこんし》』に「雹砂《はくさ》」の名前で出ている名物であったが、今は温泉の様子が変化してできなくなった。

火星の鉱物として、鉄みょうばん石はすでに確定しているわけで、将来、この惑星で鉄資源が必要となるときは利用しうる可能性がある。この鉱物にはカリウムと硫酸基《りゅうさんき》と水酸基が含まれており、同系の石であるみょうばん石はアルミニウムの鉱物なので、アルミ資源も期待できよう。さらに、もしこの鉄みょうばん石が鉱泉起源のものであれば、火星には水があるだけでなく温泉活動があることになり、地球と同じように多くの熱水起源の鉱物ができているはずである。

これまで、惑星の地質の研究は隕石が研究材料であった。隕石は岩石の仲間で、薄片を作って調べる岩石学の研究手法が基本になっている。火星に多彩な鉱物の世界が存在するとなると、鉱物の研究者にとっては、まったく新しい研究フィールドが生まれることになる。鉱物学の新しいページがこの二一世紀に幕を開けるものと、期待で心を躍らせている。

東ヨーロッパの鉱物事情

東ヨーロッパ（東欧）諸国という言葉は、ソ連圏の枠が外れ、EC加盟国も出てきて区別のむずかしい面があるが、ここでは、ヨーロッパでオーストリアより東にあり、旧ソ連邦を含まない諸国ということにしておきたい。

ポーランドの有力鉱産物はかつては石炭で、今は岩塩である。岩塩鉱山の地下に巨大な空間があり、その一部がサナトリウムになっている。自然放射能のために青く帯色した岩塩もあり、特殊な地下の条件が幾つかの慢性的な病気に効果があるとされている。

ポーランドとバルト三国はいずれもバルト海に面していて、この地帯に共通して産出するこはく（アンバー）は非常に有名である。こはくは有機質鉱物の代表格で、軽く、海水に浮く。そのため海岸に流れ着くこともあるが、産業的には海岸近くの堆積層を発掘し、その中に含まれるこはくが採取されている。

かつてはソ連の国営企業の独占だったのが自由化され、多くの企業が参入してきている。昆虫などが含有された珍品は高く評価される。「ドミニカなどほかの産地とくらべてバルト産は大型の包有物がほとんどない。それは地質時代が古いためだ」という説明が過去に流布していたが、今では動物や植物の大型の包有物入りも高値ではあるが販売されている。その理由として「ソ連時代より広範な地域で採取されているため」と「かつてそのような貴重品は表舞台では取り引きされなかった」の二つが考えられるが、皆さんはどちらが正しいと思われるだろうか。

ついでチェコとスロバキアをみてみよう。この地域は東欧中最も有力な鉱産国であった。昔、プラハ中央駅のレストランで食事中、同じテーブルの若い男性と中年の女性の会話を何となく耳にすると、いくらか内容が理解できるので、同席のよしみと割り込んでみた。女性はポーランド人、男性はチェコ人とわかった。それぞれの言語で話しているが、どちらもスラブ語系なので大意を通じ合えるのだ。それに筆者はロシア語で参加した。列車や船で移動していたこのころには、こうした臨時の旅仲間が生まれ、いろいろと教えられたり、楽しい思い出もあった。

男性はウラン鉱山で働いているという。当時、ウラン鉱はすべてソ連に輸出された。有名なキュリー夫人がボヘミアの旧名ヨアヒムスタール地域のウラン鉱石を使用して、その中からラジウムを抽出したことはよく知られており、この国のウラン鉱がソ連時代にも資源として利用されていたことが、この駅での会話からはからずも知れたのである。

ソ連という得意先を失ったチェコには、現在稼働中の金属鉱山は一つもない。コバルト、ニッケル、スズなどの有力鉱床《こうしょう》が数多く分布し、かつてはヨーロッパ最有力の鉱業国であったチェコも、国際競争力を失い、金属鉱業資源の舞台から退場していった。

それでも鉱物標本の世界では、チェコとスロバキアは有力な供給国としての地位を保っている。巨大隕石《いんせき》落下の副産物として生成されたモルダバイトと呼ばれるボヘミア地方の特産品は最近知名度を増してきているが、厳密には天然ガラスであり、鉱物よりは岩石の領域に入ることもあり、本稿では割愛させていただく。

前章でも紹介したチェコのカルロビ・バリは、別称をドイツ語でカルルスバート（カールスバート）といい、ヨーロッパ有数の温泉地である。オーストリア・ハンガリー大帝国の名残《なごり》から、東欧にはかつてはドイツ語の地名が使われていた。この地に産出する正長石《せいちょうせき》の結晶の双子になったものは、カルルスバート式双晶《そうしょう》という学術名がついていて、鉱物学では有名である。いったん確立された学術用語の変更はむずかしい。

スラブ語系が多い東欧諸国の中で、ハンガリーとルーマニアは違っている。ハンガリーはアジア語系、ルーマニアはローマが国名の源でありラテン語系である。ソ連圏時代にはロシア語の学習が必須とされ、その後はドイツ語、最近は英語が重要な外国語に変化しつつあるようだ。現在、東欧諸国ではロシア語を知っていても「知らない」という人々が大勢を占めている。かつてのプラハ駅食堂でのような会話は、今では成り立たないだろう。

ルーマニアの北部は、トランシルバニアと呼ばれる山岳地帯で、古来金属鉱山地帯とされている。なかでも金はヨーロッパ最大の産地で、テルルという金属を伴う特色があり、テルルと金銀が混じり合った珍しい鉱物の宝

正長石のカルルスバート式双晶。(左右異形)一個3・5センチ。

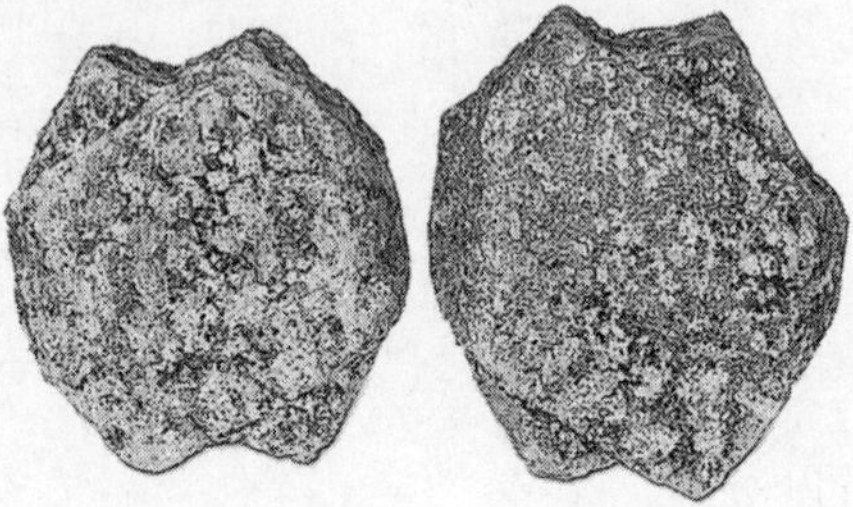

庫として鉱物界で知名度が高い。しかし、近年はさすがに鉱脈が尽きたらしく、金やテルル鉱物の産出は少ない。そのため、往時の古色のついたこれらの標本は、一種の骨董品《こっとう》として市場で取り引きされている。ところが、数年前にある具眼《ぐがん》の士が金属探知器を旧坑に持ち込んで探査を行い、かなり多くの自然金を発見して文字どおり一攫千金の夢を実現した。その折に市場に出た標本を写真で紹介するが、その後の報道には接していない。

トランシルバニア地方で名高いものの一つに「ドラキュラ伝説」がある。筆者の感触にすぎないが、世界の有名産金地にはこの「吸血鬼」のような魔物の言い伝えが多いように思われる。日本の天狗伝説などもその仲間かもしれない。彼らは一方では金山の守護神で

自然金。
ルーマニア・
トランシルバニア産。
左右約4センチ。

あり、もう一方では金山への立ち入りを防ぐ役割を果たしていたとも考えられる。

現在、ルーマニアは鉛、亜鉛、銅、ビスマス、アンチモンなどの金属鉱山が複数稼働している唯一のヨーロッパの国である。経済的条件からむずかしいとは思うが、この国の金属鉱山の続行を願ってやまない。ドラキュラに匹敵する現代の守護神が現れないものだろうか。

ルーマニアの南の国、ブルガリアについてはパート3で述べているので、ここでは省略させていただく。

シャーロック・ホームズの謎

九月下旬のひどい彼岸嵐の吹き荒れている日だった。午後の後半になって少し収まりかけてきたものの、とても外出しようという気になる天候ではない。ホームズは暖炉の近くに陣取って、むっつりと例の犯罪記録に索引をつけており、私はその反対側でラッセル・ウォレスのアマゾンの本に夢中になっていたが、ホームズの言葉でわれに返った。

「呼び鈴がなったようじゃないか。こんな日の夕方にだれが来たのだろう。ワトソン、君の友人じゃないか」

「そんなはずはない。だれも呼んでいないよ」

「じゃあ依頼人かな」

「もしそうなら、こんな天気のなかをやってくるなんて、重大な事件かもしれないね」

やがて廊下に足音がして、ノックするのが聞こえた。ホームズは、来客用のいすのほうへ自分のランプを押しやった。

入ってきたのは、やや長身細身ながら物腰にしんのある四〇代と見える男性で、着ているレインコートが外の天候がいかにひどいものであるかを物語っていた。不安と心痛にうちひしがれた様子で、目が腫れぼったかった。

「どうも相済みません」

帽子を取りながら彼はいった。

「よろしいでしょうか、お約束の日よりも早く伺いました」

「コートと傘をこちらへ。お掛けください」

とホームズがいった。

「鉱山技師のバーカードさんですね。それで今回の件はコーンウォールかポルトガルのレオトロイ鉱山か、どちらのほうでしょうか」

「えっ、ご相談したいとのみ書いたのですが……。では、私のことをすでにお調べになられたのでしょうか」

訪問客はひどくびっくりしていった。

ホームズのこの手のやり方をよく承知していた私は、もう一度相手を観察してみたが、何も得ることがなかった。

「長年の経験から、職業上の特徴についてはかなり研究していますのでね。ましてや、いただいた手紙の消印はコーンウォールというイングランドいちばんの鉱山地帯であり、用箋《ようせん》は英国資本の会社でポルトガルで鉱山を経営しているものとわかれば、手品を使ったわけではないことはご理解いただけたでしょう。ワトソン君、ハドスン夫人にお茶を頼んできてくれたまえ。ではバーカードさん、ご用件を伺いましょう」

一九三〇年に作者のコナン・ドイルが死んでから今日に至るまで、シャーロック・ホームズの模倣作品は後を絶たないが、ワトソンの遺稿が発見されたとするものが多く、近くの区立図書館の書架にも三冊見つかった。筆者もその誘惑に勝てず、ホームズが鉱山を舞台に奇怪な事件を解決する「作品」の冒頭を試みてみた。

実は、ホームズ物の中に鉱物はたびたび登場してくる。それは宝石としてである。確かに宝石は黄金以上に富の象徴であり、それを巡ってさまざまな事件が現実にも起きている。

筆者の恩師だった故櫻井欽一博士は、自他ともに認める推理小説ファンで、戦前よく読まれたE・マーシャルの『碧玉《へきぎょく》の仏像』について櫻井先生は「『碧玉』はジャスパーのことで、石英《せきえい》の一種でありキロいくらという安い石だ。それを巡って大事件が起こるのは妙だ。エメラルドのはずなのに碧玉ではがっかりしてしまうよ」といっていた。

推理小説の元祖として、ポーに次いでウィルキー・コリンズがあげられる。代表作の『ムーンストーン』（一八六八年）は、三個の黄色のダイヤモンドを巡る歴史小説である。「カリナン」や「ホープ」のように大型の有名ダイヤモンドにはニックネームがついている。ムーンストーンは、一定の方向から眺めると月光のような特殊な光を放つもので、長石《ちょうせき》に多いため、日本では月長石《げっちょうせき》と訳されている。しかし、ほかの鉱物にも似た効果をもつ石はあり、ムーンストーンは長石に限られるわけではない。

コリンズは、このような効果をもったインド産のダイヤモンドを想定して九〇〇ページに及ぶ大作の題名とした。もし仏像の目にそのようなダイヤモンドが入れてあれば効果抜群だろう。ただ、実際にムーンストーン効果をもつダイヤモンドがあるかどうか、筆者は知らない。しかし、長石のムーンストーンはジャスパーほどではないが安い石であり「月長石」の訳名はふさわしくなく、明治時代に使われたという「月珠《げつじゅ》」のほうが適切だった。

『シャーロック・ホームズの冒険』の中の作品「青いカーブンクル」は意外性に富む傑作として評価が高い。問題はカーブンクルという聞きなれない石の名前にある。最も普及した延原謙《のぶはらけん》の訳では「青い紅玉《こうぎょく》」（一九五三年）と題されていた。八九年にご子息の延原展《てん》による改訂版が出て「青いガーネット」と改められた。小林司、東山あかね共訳（九八年）

でも「青いガーネット」になっている。ガーネットは鉄、マグネシウム、アルミニウムなどの珪酸《けいさん》塩鉱物で、赤色系のものは一月の誕生石に採用されている。しかし、青いガーネット（ざくろ石）は聞いたことがない。

大プリニウス（二三〜七九）の『博物誌』にもCarbunculusとして出ているが、記載があいまいで、当時すでにこの言葉の正体がわからなくなっていたらしい。同書の「トパーズ」は今日の「ペリドット」に相当することは証明されている。カーブンクルという名前が、一時期赤いガーネットに使われたことは事実であるが、この言葉の一側面にすぎず、第一ガーネットは安い宝石であり、青色種はない。

ドイルの原文には「わずか四〇グレインの炭素の結晶が」とも書かれている。小林氏などが用いたオックスフォード版の注釈には、カーブンクルをガーネットと決めつけ、炭素を含まないとあるので、読者は混乱してしまうだろう。

作者のドイルは、コリンズにならって、ダイヤモンドのニックネームをつける際に、ラテン語の小さな石炭（炭素）に由来するカーブンクルを採用し、かつ当時はイギリスにあり、現在はアメリカ・スミソニアン博物館に収蔵されている青色ダイヤモンド「ホープ」を念頭に置いたものと推察される。したがって日本語の題名は「青いカーブンクル」か「青い宝玉」にすべきだと思う。

この「ホープ」には、代々の持ち主にまつわる不幸な話があるが、筆者は、かつてスミソニアン博物館で鉱物・宝石部長のJ・ポスト博士から直接「ホープ」の話を聞いた。

「実は、その不幸な死の話は真実ではありません。当時のロンドンの宝石商が買い主の夫人の性格を調べ、この種のミステリーに好奇心を抑えられない夫人の性格を知り、一連の物語を創作し、その結果、取り引きに成功したものです。さらに、ご自分が不幸になられる前に当館に寄贈されたわけですから、われわれとしてはこのロンドンのやり手の商人に感謝せざるをえませんね」

ホームズの国の宝石商の機知に感心しつつ、機関銃の弾も通さないという防護ガラスに守られ鎮座していた「ホープ」の比類ない美し

アメリカ、ワシントンのスミソニアン自然史博物館に収蔵されている世界で最も有名なブルーダイヤモンド「ホープ」。(写真＝AP／WWP)

さを、今なおはっきりと眼の前に思い浮かべることができる。

一方、日本には世界級の宝石がないので当然ともいえるが、それを巡る小説も不毛である。真珠やさんごは貴重品ではあるが鉱物ではない。金やプラチナも、それを溶かしてインゴットにしてしまうと鉱物ではなくなる。唯一、日本の誇れる宝石としてひすいがある。これについては、松本清張が含蓄のある作品「万葉翡翠《ひすい》」を書いている。

また、内田康夫の『不知火海《しらぬいかい》』は、テレビにも登場するアマチュア探偵の浅見光彦がモナズ石を発見する物語である。ただし、モナズ石は少量の放射能は出るが、危険度の高い鉱物ではない。ウラン鉱を扱った冒険小説は内外に幾つかあるらしいが、ウランを砲弾に入れて使っている現実のほうがはるかに怖いので、小説は成り立ちにくそうである。

古生物学者でこけしの収集家としても有名だった鹿間《しかま》時夫氏（故人）が、第二次大戦後間もないころに書いた随筆集の中に、鉱物ではないが岩石で実際の事件を解決した話が出ているのを覚えている。戦後の混乱期に、国鉄飯田線で貨車一両分の商品すべてが盗まれるという前代未聞の事件が発生した。商品の代わりにほぼ同重量の石（岩石）にすり替えられていた。捜査当局から相談を受けた鹿間氏は、この岩石が典型的な片麻岩《へんまがん》で飯田線の沿線では二駅の間にしか分布していないことを直ちに見破った。その二つの駅の関係者に捜査の手が伸び、この難事件も急転直下解決した。

ここでは推理小説と鉱物という異例のテーマを試みてみた。コナン・ドイルは医学出身であったが鉱物を含めて博識であり、カーブンクルなどという古い名前を利用して読者を試した節がある。彼の『失われた世界』は、映画『ロストワールド』の原作的な作品である。

現在では、ドイルの時代にはあった自然への知識が、特に石の分野で失われてしまっている。日本におけるこの問題は深刻であるが、紹介したオックスフォード版の矛盾した注釈などは、自然科学の先進国の現状についても危惧を抱かせるもので残念でならない。

名前をつける

先の「シャーロック・ホームズの謎」を読まれた方の中には、そのような〝初歩的〟なミスがどうして起こるのか、という疑問を抱かれたかもしれないと思い、ここで鉱物の名前について説明したい。

動植物の名前はラテン語の二語で表し、属名、種小名の末尾に記載者名と年号を付ける方式が確立されていて、これを学名といい万国共通である。鉱物の名前は別の原則で付けられている。歴史的には生物方式を試みたがうまくいかなかった。その理由は、生物の名前は形に付けるのに対し、鉱物の名前は物質に付ける。また、生物種が貝類だけでも一万種を超すと思われるのに、鉱物は約四〇〇〇種しかない、などが考えられる。

明治維新の直後、日本は急きょ西洋の学問を取り入れることになった。鉱物学は、地下資源と直結し国力興隆にかかわるということから重要視されたはずである。本草家《ほんぞうか》、洋学者たちが多数の木版刷り和本の鉱物の入門書を二〇冊以上も出版した。鉱物の本が、短期間にこれほど多く上梓《じょうし》されたのは後にも先にも例がない。すべては洋書の翻訳というより抄訳だったが、色刷りの本もあり版元も力を入れたようだ。これらの本の著者たちがいちばん困ったのが鉱物の名前であった。石英《せきえい》、石《せっ》膏《こう》、辰砂《しんしゃ》など、すでに和名や漢名のあるものは全体のごく一部だったからである。

同じころ、わが国初めての総合高等教育機関である東京大学が設立された。ドイツなどから招かれた外国人教師により鉱物学（初めは金石学《きんせきがく》といった）の講義が開始され、受講者には俊英が選ばれたが、彼らも鉱物の名前

明治時代に出版された鉱物学（金石学）の教科書の表紙。

ものである。

の訳には困った。しかし逡巡は許されない。急きょ協議のうえ得られた原則は次のような

①すでにある名前はそのまま採用する。

②人名、地名などに基づく名前はカタカナ書きとし、語尾に石または鉱を付ける。

③鉱物の化学組成、結晶系などの性質を取り入れる。

④雲母《うんも》、長石《ちょうせき》、輝石《きせき》、角閃石《かくせんせき》、沸石《ふっせき》、ざくろ石のような基本的な鉱物でかつ種類の多いものは白雲母《はくうんも》、方沸石《ほうふっせき》のように末尾に基本種名を加える。

というもので、中でも③と④は世界に類を見ない日本独自の画期的な案であった。

黄鉄鉱《おうてっこう》は黄色の鉄鉱、褐鉄鉱《かってっこう》は褐色《かっしょく》の鉄鉱、方鉛鉱《ほうえんこう》は立方体の結晶となる鉛の鉱石とわかりやすい。ただ、物事には必ず短所も伴うわけで、例えば美しい石で飾り物にも利用される「ばら輝石」は当時は輝石の仲間とされたが、後に輝石グループから外されてしまう。ほかの名前が提案されたが、すでに普及定着しており変更は実際上むずかしい。また、Berylを緑柱石《りょくちゅうせき》と名付けた。確かにこの鉱物にはその亜種《あしゅ》のエメラルドが有名である。しかし、赤い亜種もある。英語ではRed Berylと書いて一向に困らないが「赤緑柱石」ではいかにも妙で、使う人がいないためレッドベリルと書いている。

さらに、海外の地名、人名は原発音に基づくとされるが、これもむずかしい。「ギョエ

テとはおれのことかとゲーテいい」という川柳のとおりになる恐れが生じる。最近も、美しい紅色透明の新鉱物が発見され、宝石用にも利用され始めた。この鉱物は、イタリアの新進鉱物学者Dr.Pezzottaにちなみ、Pezzottaiteという名前にすることが国際鉱物学連合(IMA)で決定された。この場合、zが清音か濁音かが問題になる。昨秋、筆者が本人に確認して清音とわかり、日本名はペツォッタ石となった。

いわば国連に相当する国際鉱物学連合(IMA)という機関があり、各国の鉱物学会が参加している。この中に鉱物名に関する小委員会があり、そこで新鉱物の認定を行っており、名称の認定も含まれている。ただし種名のみで亜種についてはタッチしていない。

宝石の分野ではアクアマリン、エメラルド、タンザナイトなど亜種名が多い。これらは慣習によるものがほとんどであり、ルビーのように鉱物界と宝石界で使い方の違う例もある。鉱物標本としては赤色系のコランダムはルビーと呼んでいるが、宝石界では濃赤色のものをルビーと呼び、より淡色のものはピンク・サファイアとする。したがってサファイアの使い方も違ってくる。宝石界ではルビー以外のコランダムを色に関係なくサファイアと呼ぶ。鉱物標本では青色系のコランダムをサファイアと呼び、青色と赤色系以外のものはすべて亜種名を使わずコランダムとしている。この相違はときに誤解を生むことがあるが、長年にわたる国際的な習慣になっている。

最近、わが国では市町村合併が進められ、鉱物の記載を取り扱う者にとっては大変に迷惑なことである。地名が変わるとラベルをはじめすべての記録を変更しなければならず、手間暇のかかるむなしい仕事を強いられることになる。さらにもっと困ることがある。新しい鉱物の名前に地名を用いることが主流になっているが、その地名が地図からなくなってしまう恐れが出てきたことだ。最初に鉱物が発見された場所として地名が選ばれるのは適切な方法であり、旅行して鉱物原産地の地名に出会うと何となくうれしくなるものである。筆者も、町名を避け、旧国名を鉱物名にした例を知っている。磐城《いわき》や近江《おうみ》といった歴史上の国名は将来にわたって変更されないからである。

中学生のとき、アマチュアの鉱物同好会に入会し会合に参加した。筆者以外は高校生以上で、その点はびっくりしなかったが、飛び交う会話が専門語だらけで理解できない。これは身分不相応のところにきたと落胆したが、実は、黄鉄鉱のことを英語名のパイライト、石英をクォーツなどといっていただけで、まもなくこちらも慣れてしまった。昔、金属鉱山が各地で稼働していたころ、訪山してパイライトといった人は専門家として待遇されたが、黄鉄鉱というとただの素人として追い返されたという話もあった。ばかげた話である。

さて明治の初期に国も重点を置いた鉱物学のその後はどうなっているのだろうか。結論からいうと、当初の熱意は急速に冷めていったと考えられる。基礎の学問と技術は学んでしまった。鉱業発展の技術改良はおのおのの企業に任せ、政府は補助金を出せばいい。大学はそのまま予算を計上して続ければいい。博物館は東京に作った（上野の国立科学博物館）から、それ以上はいらない。こんなところだったのではないか。海外の先進国の科学技術の成果をできるだけ早く、安くもらっておしまいにしたい、という感じを否めない。

石器時代という長い歴史の中で、ようやく岩石と鉱物の差を意識して利用する新石器時代が始まり、ギリシャ、ローマの哲学者や自然史家によって鉱物の記録が文献になっていった。中世のアラビアの科学やヨーロッパの錬金術などが絡み合って科学技術が萌芽し、近世になってからニュートンの万有引力の発見、ステノによる面角一定の法則など自然科学の基礎が築かれ、近代科学の興隆となる。その裏面には歴史に名前の残らない大勢のアマチュアや支援者の存在があったはずである。

欧米を旅行すると、ほとんどの大都市やかなりの市町村に博物館があり、鉱物標本の展示は最も重点的に扱われているのが普通である。美しい色彩と結晶の鉱物が人間に自然科学を考えるきっかけを作り、かつその資源で近代文明を作り上げたことを理解している点は、過去の王侯貴族から現代の市民にまで受け継がれている。

ドイツのある都市の大学を訪れたとき、大学博物館の助教授がたくさんの鉱物標本のラベルを書いていた。日曜日に鉱物の会があって、小学生から大人まで集まるため、卸売用の標本を作っているという。きちんと標本小箱に入れられた鉱物には、市価を下回る数百円という値段が付いていた。

筆者が中学生のころまでは、国立科学博物館の本館一階の右翼全体が鉱物・岩石・化石の展示場になっていた。ざくろ石の産地、茨城県真壁《まかべ》町の地図付きの説明があり、それを見て鉱物採集に行くことができた。入口正面には足尾銅山産のすばらしい方解石《ほうかいせき》の大形標本が看板のように置かれていた。今でも鉱物展示はどこかにはあると思うが、例の大きな方解石は、地下の片隅にすでに不要になった看板状態で置かれているのを数年前に見た。

ドイツの大学で出会った助教授のような先生は日本の大学にはいない。第一、鉱物標本のラベルを書ける教員がいったい日本に何人いるか。水晶と方解石の区別がつかない人にラベルは書けないから、おそらく非常に少ないだろう。鉱物学という名前の入った教室も大学にはなくなってしまった。義務教育の理科の教科書には鉱物は含まれていない。

このような事態になったほとんどの原因は教育行政にあったが、それが最近は大学入学者の減少に伴い、やや改善されつつある。万能的秀才ばかりでなく、一芸に秀でた者も入学できる道が開かれつつある。

現代文明が鉱物資源（石油を含む）の上に成り立っていることには変わりがなく、いわゆる先端科学技術の分野でも鉱物の役割は大きい。高性能の基板に各種の鉱物が使われ、レーザー光線もルビーから始まり、最高級の光学レンズにはほたる石が使われている。炭素フラーレンは鉱物中に発見されており、鉱物学者が最初に発見してノーベル賞を取る可能性もあった。鉱物の性質を調べる研究は、一九世紀以降ほとんど発展していない。天然鉱物の性質には未知のものがたくさんあるはずなのに、残念でならない。近いうち、火星へ行って鉱物を探査しなければならなくなるが、このメンバーには間違いなく鉱物を熟知した人間が加わる。次の世代の新しい鉱物学者の登場に期待したい。

鑑定の基礎知識

皆さんは「鑑定」という言葉にどのような感想をお持ちだろうか。「むずかしい」と「いかげん」というやや相反する印象を抱かれている人が多い気がする。

裁判で「鑑定人は前へ」などと指名されるといかめしい雰囲気になり、厳密な鑑定が時間をかけて行われたことが陳述され、反論の余地はないように思われる。しかし、実際には法廷で弁護側ないし検事側から再鑑定の申請がなされることも多いらしいので、あまり当てにならないということにもなる。

筆者も、某ヒ素殺人事件で鑑定人の大学教授から依頼され、国産の試料を提供したことがある。極微量の証拠品を日本に一台しかない最高水準の分析装置で分析し、法廷の要請に応えられる鑑定が行われた。これは最高度の科学的鑑定であり、異論の出る余地のないものであった。

もう少し身近なところで鑑定の必要性が際立って多い分野が二つある。

一つは書画《しょが》や焼き物の骨董《こっとう》分野で、偽物が多いことは常識になっている。少し昔まではいわゆる地方回りの鑑定人が大勢いて、旅館に数日滞在してお客を集め、もっともらしい鑑定書を発行して鑑定料を稼いでいた。時たま掘り出し物に出会うと、逆に偽物として二束三文で買い取る手合いがあったかもしれない。京都や大阪、東京に屋敷を構えている見識と敷居の高い鑑定家もいた。

次に鑑定の需要が多いのは宝石の世界である。もっとも、この世界では鑑定といわず鑑別という。その鑑別を行う機関が東京の台東区上野に集中しており、A鑑別所、B研究所のような看板を掲げ、主に宝石の卸売業者を相手に営業している。

これらの機関で発行される鑑別書には、宝石の名称、天然・合成の区別、着色など人工処理の有無、品質などと当の宝石の写真が付けられている。特にダイヤモンドについては、グレードが一つ違うとカラット数の多い石では高額な差が生じるので、業者によっては甘い採点をしてくれる機関を選ぶという。問題のある売り方をして破産し、マスコミに取り上げられた会社は、直営の鑑別所を使っていたということで客観性が疑われた。

ところで、宝石業界でも鑑定という言葉はある。それは価格の鑑定という意味になっている。しかし、それは非常にむずかしいので、鑑定所という看板は見当たらない。

欧米では、日本ほど鑑別書は利用されていないという。高価な宝石を求める金持ちは、代々の出入りの宝石商を信用しており、知識も持っている。アクセサリーとして日常的に使う石については、気に入った品ということだけで、証明書の類は必要と思っていない。

ちなみに、合成の技術、改良の技法は日進月歩しており、すでに日本の店頭にある宝石の何割かは人工の手が加えられており、遠くない将来一〇〇%に近づくらしい。

前にも触れたが、多くの日本人は宝石と鉱物の区別を意識していない。新石器時代から縄文時代にかけて、岩石ではない鉱物に着目することによって文明は飛躍的に進歩し、現代の文明を築き上げた。しかし、日本の小・中学校の教科書には鉱物がまったく登場しない。これは世界的に珍しい現象であり、手抜き教育といわざるをえない。

視野の狭い教育官僚と学閥によってもたらされた根本的な間違いで、その根は深く、日本全体のあらゆるところに表れている。しかし最近、少なくとも鉱物分野では、民間の力で興味や趣味をもつ若い人が増えている。これらの人たちが成長し、社会に進出し、しだいに事態は改善されていくだろう。逆説的であるが、今の役所に鉱物出身者がおらず、学校でも教えないことはかえって幸いではないか。興味のない人が無理に教えると、生徒に興味を失わせるマイナスの結果が生じてしまうからである。

現在はパソコンの普及によって鉱物鑑定ソフトもいろいろと工夫されている。画像を取り込み、標本の写真も付けるなど、内容の濃いものができつつある。しかし、一種類の鉱物に多数の画像を付けると重くなりすぎ、現状ではまだ無理があると思われる。

一方、各地の博物館では「ハンズオン」と呼ばれる展示法が流行している。見せるだけでなく、手で触れてもいいことになっており、数点から数十点の鉱物を置いてあるところもある。確かに一歩前進といえるが、日本の行政全体の現象である、入れ物に金をかけ中身の予算はおまけ、という実体がここにも現れている。自然史博物館の使命というべき鉱物の系統的展示（二〇〇種以上）と鉱物の担当者が欠如しているのだから、本来ならば「自然史」の看板を外されても文句はいえない。

さて本題の（自分自身による）鉱物の鑑定は、次のようにすることを勧めたい。まず二〇種の鉱物標本を入手する。一点一〇〇〇円とすれば二万円の投資になるが、小型のものなら半分の予算でも可能だろう。それを入手したら、手に取っていろいろと遊んでみる。何か参考とする本あるいはソフトとくらべて、どの程度納得できるかを調べてみる。形、色、硬さ、割れ方、光沢など、本などに書かれたデータを自分で確認していく。こうして二〇種の鉱物について特徴をマスターすることができたら、鉱物鑑定の基礎訓練はできたことになる。その先は自分で自由にやるのがよいが、一つでも多くの標本を見ることが上達の早道である。

筆者は、人の名前や顔を覚えることはほんとうに苦手である。しかし、一度見た鉱物はどこかに記憶しているらしく、人から示された石を見て「どこか見覚えがある」と考え込むことがよくある。だから鉱物屋にはなれたが、決して刑事になることはできなかったと確信している。

鉱物は地球の芸術作品であり、文明の土台であり、自分はその広報担当という自覚があるから、マスコミにも協力する姿勢をとっている。なかでもテレビの「開運なんでも鑑定団」という番組には、石の鑑定士として長く出ているので、時折、街角で声をかけられることもある。

この番組に「石大会」というのが年一回くらいあり、ほかの各種大会にくらべると長寿で、一〇年以上続いている。その理由は内容が面白いからである。一般の書画骨董の持参人は本物か偽物かにしか興味がなく、価格を聞けば終わってしまう。ところが、石の場合は価格よりもその石自体に興味をもっており、こちらが価格とその理由をいってもなかなか引き下がらない人がいる。〇円はあっても一〇〇〇万円を超すような品は一度もなく、価格的な面白みはないが、内容が熱く、登場人物が面白い。

あるとき、じゃがいもそっくりの石がきた。本物のじゃがいもに混ぜておいたら、奥さんが石のほうを取って料理しようとしたそうで、真に迫っていた。しかし、正体は単なる河原の石ころで、市場価格はない。評価に困ったことを覚えている。

山口県の瀬戸内海岸で拾った石が出題された。見ると、全体は蛇紋岩《じゃもんがん》で、それに立派な「石綿《いしわた》」が付いている。典型的な組み合わせの産状であり、拾われた場所に蛇紋岩が分布していることも知っていたので、一目瞭然であったが、見せる鑑定を心がけており、石綿である証拠を示すためにアルコールランプの炎に入れてみた。意外にも燃えないはずの「石綿」が黒煙を上げて燃えていき、あぜんとしてしまった。実は、工場で作られた有機物系の「石綿」で、鉱物ではなく産業廃棄物の仲間であった。サービスのプレゼンテーションをしなかったら、鑑定ミスをするところだった。どうしてそんなものが蛇紋岩に付けられ、海岸に捨てられたかは不明である。

数年前の「石大会」では高齢の婦人が「ダイヤモンド」の原石を持ってきた。お父上がブラジルで入手されたもので、長年大切にしてきたという。三センチくらいの細長く無色透明の石であった。ブラジルはダイヤモンドの産出国であるが、どこの産地にせよ三センチの原石というものは実際上ないといっていい。外見上もダイヤの輝きも重量感もなく、水晶の破片とも思われたが、一応、持参してきた小型の屈折計で屈折率を測定してみた。

その結果は、宝石名としてはアクアマリンに相当することがわかった。ほとんど無色のアクアマリンの三センチの原石の価値は低い。お父上の形見として信じられていた様子であり、いくらか高めの評価にしたが、ダイヤモンドとの格差は埋めることができなかった。収録が終わった後も、その婦人は席に座ったままである。ショックで立ち上がることができないらしい。スタッフがケアしていたが、この方の場合は鑑定などせずに夢を持ち続けたほうがよかったのかもしれない。苦い経験になった。

また、以前に「目利き大会」という特集があり、五点の水晶のうち最も高価なものを当てる趣向だった。そこに出演していた小学生が今では立派な鉱物コレクターになり、やがては研究者になる可能性もあって、楽しみにしている。

毎年六月の第一金曜日から五日間開催される「東京国際ミネラルフェア」では、月曜日の午後の三時間、筆者による無料鑑定サービスを行っており、毎年三〇名を超す人々が並ぶ。一人二点以内としているが、毎回、これを終えると疲れてぐったりしてしまう。鉱物の鑑定にはエネルギーがいるのである。

ちなみに、そのときに持参する鑑定器具は、ルーペ（一〇倍）、小型磁石、ポケットナイフ、条痕板《じょうこんばん》（条痕を調べるために用いる白色素焼きの板）、塩酸入り小瓶である。

夜空を見上げて思うこと

自然界にある美しいものの代表格として、筆者はかつて鉱物とともに花やチョウ、星をあげたことがあった。そして、生物は長く保存することができない、また空の星は手に取ることができないという欠点があるとして、それらに冷淡な態度を示した。

最近のニュースによると、宇宙の一角にダイヤモンドの単結晶でできた星があるという。何でも、二酸化炭素で成り立っている星が急激に自己収縮した結果、ダイヤモンドになったという。確かに、ダイヤモンドは炭素が高温かつ超高圧下で原子の配列が規則的な密集状態となり生じるものである。星というからには、その大きさがミリやセンチの単位であるはずはなく、想像を絶する巨大なダイヤモンドの結晶が宇宙に浮かんでいることになる。

こういう話を聞くと、夜空の星に対しても、今までのように冷淡ではいられない。ダイヤモンドの結晶を手にして、星を持った気分にもなれるし、もっと別の鉱物の星もあるかもしれないと想像してしまう。

気になる星のニュースがもう一つあった。ヨーロッパの科学者たちが打ち上げた土星探査機カッシーニから発射されたホイヘンスが、土星の衛星タイタンに無事着地し、写真その他の情報が送られてきている。一枚の写真には河原のような風景が写り、丸い石がごろごろしている。その「石」の化学組成については、今のところ発表されていない。地球上で普通に見られる川石風ではあるが、その「川」や「石」は、われわれの身近にあるものとはたいへん異なっている可能性が大きい。非常な低温なので、水は流れない。液体メタンが流れているらしい。「石」のほうも普通の河原にある花崗岩《かこうがん》や安山岩《あんざんがん》といった岩石ではないように思われる。

地球の深海底下にはメタンハイドレートと呼ばれる物質が広く分布するとされ、将来のエネルギー資源と目されているが、あるいはそのようなものかもしれない。メタンハイドレートはまだ鉱物としては認知されていないが、有機鉱物の仲間に入るはずである。

近未来に土星の衛星の「石」が地球にもたらされることになるだろう。そうなると、有機鉱物の研究が鉱物学のなかで一つの重要なテーマとして浮上してくるのではないかと思われる。地球上の新資源とも絡み合って重要性がクローズアップされてくるのではないだろうか。今のうちに準備しておけば、その先見の明を認められるかもしれない。そして生物界と鉱物界は接近する。

天災のなかでも怖いのが地震であり、プレート境界型、活断層型とあり、ほとんど日本中どこでも大地震の影響を受ける恐れがある。ひところは、少なくとも大きいプレート境界型地震については予知が可能であるとして公的機関が取り組んできたが、昨今はそれすら具体的な予知はできないこととなり、大地震発生後の被害を小さくするための方策に活動と役割が変化してきた。

そうなると、日本中の人々は、明日起きるかもしれない大地震に備える心のストレスが今後も軽減されないことになる。公的機関が方針を転換するのなら、まずは国民に遺憾の意を表し、今後の研究目標を掲げるべきであろう。税金を納める立場としても、また科学者の一人としても納得のいかないものがある。

公的機関から、いわば見放された格好の国民の間では、民間の各種の予知方法が話題に上ってきている。古くから知られている動物の異常行動は最近でも実例が多く報告された。地震雲などの気象現象、あるいは電波の異常なども地震予知に役立つ具体例として多くの実績があるとされる。

「パワーストーン」と称する石が販売されている。何でも各種の鉱物が人体に作用するパワーを持っており、そのパワーを利用して人間の気持ちや体調を整え、病気を治すこともできるという。それらは、水晶であったり、孔雀石《くじゃくいし》や藍銅鉱《らんどうこう》であったり、非常に特殊な石というわけではない。ただ同じ鉱物でもパワーの程度は差があるらしい。また身につける方法や位置によっても効果に違いがあるという。店や標本会場で、石を手に握りしめてそのパワーの程度を調べている人も見かける。

そうした方々には申し訳ないが、筆者自身は石のパワーを体験できずにいる。科学的な測定機器で捕らえることのできない微妙なパワーであるらしく、客観的な証明がなされていない。一度、水晶の上に手をかざして「パワーが出ている」といわれ、まねをしてみたところ、手のひらにわずかな感覚があった。しかしこれは、水晶の柱に沿って上昇気流が生じ、それが先のとがった所で一点に収れんしたと考えれば合理的に説明がつく。

また、石からマイナスイオンが出るとか、遠赤外線が発せられるとかの説もあるが、いずれも科学的には認められない。こうしてみると、石は資源と素材以外では利用されないのか。意外な役立ち方が、まだどこかにないものだろうか。

ここで再び地震のことを考えてみる。活断層型地震でも、プレートの跳ね上がりによるタイプの地震でも、岩盤に圧力がかかり、こすれ合い、大きな岩体が動く。岩盤は鉱物の集合体であり、そのなかで最も普遍的にある鉱物は石英《せきえい》である。圧力をかけると電気が起こる圧電特性はピエール・キュリーが発見し、石英がその性質を持つことは広く知られている。逆に、電圧をかけると一定の振動を起こす性質から、石英の肉眼的結晶である水晶は時計やテレビなどに応用されている。

地震が発生する前には、岩盤に大きな圧力がかかり、主要成分である石英が電磁気的性質を帯びることは間違いがない。地震の規模が大きいほど、それらの効果も巨大なものになるわけで、そこからは微弱ではない電磁波が発生し、それは当然原則的に観測可能であろう。そうであれば、石英の圧電特性を利用して地震の予知を行うことが可能になる。鉱物は地震警報を鳴らしてくれる。

ここまで考えてきて、実は自分ながら内心びっくりした。これは大変なことではないか。早く、広く、多くの人に知ってもらって、鉱物地震予知計を役立たせなければならない。ところが、地震関係の本を調べてみると、この考え方がすでに一冊の本になっていることがわかった。池谷《いけや》元伺《もとじ》著『地震の前、なぜ動物は騒ぐのか——電磁気地震学の誕生』

（NHKブックス、一九九八年刊）である。著者は電子工学科の出身で大阪大学教授、町の一研究家ではない。

「土木工学科の二〇〇〇トンプレスや建築工学科の五〇〇〇トンプレスで花崗岩《かこうがん》の破壊実験をし、電磁波計測と併行して動物行動を録画した。実験の映像は、（中略）NHK教育テレビ『サイエンス・アイ』で放送され反響を呼んだ。まず五〇〜六〇トンから動物異常が起こり、三〇〇トンで破壊したが、ドジョウが動くにつれてウナギも動き、花崗岩の破壊の前に、ウナギははじかれたように動き、のたうち回る。そのときに、アンテナには電磁波が発生していることが検出できた。ハムスターは互いにグルーミングし、インコも鳴き羽づくろいした。音響振動がピエゾ素子で検出される前から、電磁波と動物異常が観測された」（同書より引用）

さらに同氏は別途行った実験で、地震雲や地震発光、時計の逆回り現象が電磁波によって発生しうることを立証した。ここで大切なことは、地震の直前ではなく、迫りくる地震への対策を立てる余裕をもってこの電磁現象が発生するか、という点であるが、著者の池谷氏は十分な時間があると主張している。

氏自身もこの研究は学際的であり、まだ科学にはなっていない「未科学」であるとしている。では、これを「科学」に育てるための研究がその後も本格的に行われているかというと、残念ながらそうではないらしい。日本の地震研究の中心は東京大学の地震研究所であり、関西の大学の専門外の教授の実験などは、地震研究の方向性に本質的な影響を及ぼさない恐れがある。何しろ、わが国の大学の学閥力の強さは世界トップクラスであると知られている。地震予知の公的機関を西日本にも設立し、東西で競争して複眼的に研究を進めることを提案させていただきたい。

石英は圧電効果を持ち、その鉱物の「パワー」が最も重要視されるが、その他の鉱物もそれぞれの「パワー」を持っている可能性がある。雲母《うんも》は、周知のとおり非常にはがれやすいが、はがれる瞬間に発光現象が起こる。石英、雲母と並び重要な造岩鉱物である長石《ちょうせき》にも発光現象があるという。また角閃石《かくせんせき》の一種の透閃石《とうせんせき》には摩擦発光がある。

これらの現象は鉱物マニアの間で語りつがれている「未科学」的現象である。何といっても鉱物は地球の単位を成す物質なのだから、地球の現象を解明するためには、それぞれの鉱物の「意見」を聞かなくてはならない。これははなはだ自明のことであるのに、鉱物の種々の性質を調べる研究は、一九世紀以降発展せず、最新刊の鉱物の本も一〇〇年以上昔のデータを転記してお茶を濁している。

二一世紀には新しい鉱物学が打ち立てられるべきであり、そうなると信じている。もし、それが実現しないようなら、人類の前途はよほど暗いものになってしまうだろう。

（『三洋化成ニュース』二〇〇三〜〇五年）

あとがき

ソ連（ロシア）の鉱物学者フェルスマンの随筆集『石の思い出』を二〇歳のときに訳したのが、鉱物の文章をつづる始めだった。

しばらくしていわゆる水石ブームがおこり、その方面の雑誌に頼まれて鉱物の記事を連載した。ブームが下火となり、水石の雑誌は「美石」の雑誌になって、こちらにも執筆を頼まれたが、美石のブームも長続きしなかった。

その後は有力な企業がいわゆる広報誌を出すようになり、数社から原稿を頼まれ連載もあった。こうして、長い年月の間に印刷された文章はかなりの分（文）量になってたまっていった。

今回どうぶつ社の久木亮一氏より、そのたまった山のほこりを掃《はら》って利用したいという誠にありがたい申し出があり、一も二もなくお願いすることにした。廃鉱山の古いズリ山を掘って中から標本になる石を探し出すのに似た作業が名編集長によって実現された。一部、書き改めたり省略した部分もあるが、なお重複する記述もあり、お許し願えればと思う。ごく近年の地名変更への対応も、十分にはおこなっていない。なお、この機会に新しく書き下した文章もいくつかある。

　ところで、最近都内の有力大型書店へ行ってみたら、「鉱物コーナー」が出来ており、そこに並ぶ図書の数量にびっくりした。二〇年程前、ミネラルフェアや同好会を始めたり、「図鑑」を書いた頃は鉱物の本は数冊しかなかったのだから。鉱物を扱うお店もたくさん出来てきた。鉱物はどうやらブームになってきたらしい。

　そうなるとマイナス面も出てくるもので、鉱物の産地が荒らされて相次いで立入禁止になってしまった。実は筆者も産地ガイド入りの本を進行させていたのだが、中止することにした。アマチュア採集家の過度の採集とプロの窃盗団の蛮行のために地主が怒ってしまったのだ。その結果、首都圏で初心者にすすめる産地がなくなって困っている。一方、中・上級者向けの有名産地（長野県甲武信《こぶし》鉱山）の場合はこれがうまく解決された。産地へ行く人は、地元の鉱泉宿を訪れ住所氏名を記帳して、入山料を支払うという方式である。宿には立派な鉱物の展示もある。人間の心理から住所氏名と日時を記帳すると非常識なことは出来ないようで、一時は紛糾していた産地が平和になった。私はこの名案を「ミネラル・パーク」方式と呼ぶことにした。このような「パーク」がふえることを願っている。

　ともかく鉱物は人間の文化の中枢にあり、岩石を利用することで旧石器文化が、鉱物を利用することで新石器文化が、鉱物から金属などを取り出すことで、その後の、現代へ続く文化が始まったと考えている。したがって、鉱物と人類の結び付きはきわめて古くきわめて多様なのである。そうしたことを、本書から汲みとっていただければ、とてもうれしい。

（堀　秀道）

ちくま学芸文庫

鉱物《こうぶつ》　人《ひと》と文化《ぶんか》をめぐる物語《ものがたり》

二〇一七年十二月　十　日　第一刷発行
二〇一八年　一　月二十五日　第二刷発行

著　者　堀　秀道（ほり・ひでみち）
発行者　山野浩一
発行所　株式会社　筑摩書房
東京都台東区蔵前二―五―三　〒一一一―八七五五
振替〇〇一六〇―八―四一二三
装幀者　安野光雅
印刷所　三松堂印刷株式会社
製本所　三松堂印刷株式会社

乱丁・落丁本の場合は、左記宛にご送付下さい。
送料小社負担でお取り替えいたします。
ご注文・お問い合わせも左記へお願いします。
筑摩書房サービスセンター
埼玉県さいたま市北区櫛引町二―六〇四　〒三三一―八五〇七
電話番号　〇四八―六五一―〇〇五三

ISBN978-4-480-09835-1　C0195